人生没时间遗憾 别嫌开始太晚：

摩西奶奶的人生忠告

王瑜/编著

中国纺织出版社

内 容 提 要

人生是一段不可重走的旅程，想要不留遗憾，就要全力以赴。我们是自己人生的规划者，要尽全力去活出最精彩的自己，是平庸还是荣耀，是忙碌还是从容，一切要看你如何去“活”。

本书内容丰富，涉及面广，包括：梦想、方向、努力、心态、交际、爱情等多个方面，可以说是读者的良师益友。希望在本书的帮助下大家能够更加明了如何实现自己的梦想，拥有精彩的人生。

图书在版编目（CIP）数据

人生没时间遗憾　别嫌开始太晚：摩西奶奶的人生忠告／王瑜编著. --北京：中国纺织出版社，2017.7（2023.1 重印）

ISBN 978-7-5180-3660-8

Ⅰ.①人…　Ⅱ.①王 …　Ⅲ. ①人生哲学—通俗读物　Ⅳ.①B821-49

中国版本图书馆CIP数据核字（2017）第119910号

责任编辑：闫　星　　责任印制：储志伟

中国纺织出版社出版发行

地址：北京市朝阳区百子湾东里A407号楼　邮政编码：100124

销售电话：010—67004422　传真：010—87155801

http：//www.c-textilep.com

E-mail：faxing@c-textilep.com

中国纺织出版社天猫旗舰店

官方微博http：//weibo.com/2119887771

佳兴达印刷（天津）有限公司印刷　各地新华书店经销

2017年7月第1版　2023年1月第3次印刷

开本：710*1000　1/16　印张：14

字数：210千字　定价：49.80 元

前言

在美国，有一个家喻户晓的名字——摩西奶奶，摩西奶奶可以说是最早成为媒体超级明星的艺术家之一。摩西奶奶（Grandma Moses，1860年9月7日—1961年12月13日），本名安娜·玛丽·罗伯逊·摩西（Anna Mary Robertson Moses），美国著名女画家，常被当作自学成才、大器晚成的代表。

摩西奶奶出生农家，受到过有限教育，她七十多岁时才因关节炎放弃刺绣开始绘画，作品主要描绘的是农场景色以及她的生活。在她80岁时，到纽约举办画展引起轰动，直到她生命结束，终年101岁，在这二十五年的时间里，留下绘画作品1600余幅，在生命的最后一年还完成作品40多幅。摩西奶奶成名后，她受到很多媒体、电台的邀请，也有很多年轻人前来求教，这使她比任何其他艺术家都更深入到美国家庭中。她的质朴、诚实，她丰富多彩的晚年生活，无疑是解除冷战时代人们焦虑症的受人欢迎的一管清新剂。

摩西奶奶这样说："任何人都可以作画"，她还说"任何年龄的人都可以作画。""做你喜欢做的事，上帝会高兴地帮你打开成功之门，哪怕你现在已经80岁了。""人到底该在什么时候做什么事，并没有谁明确规定。如果我们想做，就从现在开始。""你最愿意做的那件事，才是你真正的天赋所在。"

从摩西奶奶的人生经历中，我们都可以看到她在自己感兴趣的高峰上艰苦攀登的足迹。对于很多刚步入社会的年轻人来说，他们都希望自己能成为摩西奶奶般的人物，但若想获得成功，就要认识到摩西奶奶教给我们的三点重要启示：

启示一，做你喜欢做的事就对了。

大多数人的一生，要求其实很简单，做着自己喜欢的事情，与自己喜欢的人在一起，便是莫大的幸福。然而，这并非易事。尤其是初入社会的年轻人，他们更容易迷失，他们不知道自己到底要做什么工作，要什么样的生活，对此，一定要从自己的喜好出发，只有内心真的热爱，才会产生纯粹的动力，才会有源源不断的热情，才不至于迷失自己。

启示二，任何时候都不算晚。

有人总说:已经晚了。实际上，“现在”就是最好的时光。对一个真正有追求的人来说，生命的每个时期都是年轻的、及时的。摩西奶奶在年逾古稀的年纪才开始绘画并取得了令人瞩目的成就不就是最好的证明吗?

启示三，真心热爱你所做的事情。

摩西奶奶说，如果你一生都热爱你所做的一件事情，那么你便已经成功了，你的人生有一份自己的答卷。

然而，很多人并没有把自己的工作当成爱好，而是当成一种人生的任务去完成。那么，任务总有完成的时间。慢慢地，以各种借口停止，没有坚持下来。

其实，只有热爱，我们才能给自己一个美好的未来。也由于热爱，我们会不知疲倦地努力，才能不断地提升自己，才会成为自己想要成为的样子。

总之，任何一个刚进入社会的年轻人都要明白，人的一生充满机遇和选择，不可能几十年如一日地恒定不变。在科技发展日新月异、人才竞争日趋激烈的今天，只有像摩西奶奶一样树立自己的人生目标、找到自己热爱的事业，并不断学习，坚持与时俱进，才能永远立于不败之地，才能驾驭自己的人生，实现人生价值。

编著者
2016年1月

目录
Contents

Part 1

不要让未来的你，讨厌现在的自己

›››››››››

众所周知，世间最抵挡不住的就是时间，就是青春。青春是美好的，青春拥有热血，青春，痛苦并快乐着，但青春易逝，须臾间年华老去。任何一个年轻人，都要在年轻的时候开始为未来打算，大器晚成的摩西奶奶用自己的经历告诉处于迷茫中的年轻人，人生初期，一定要努力和学习，千万不要让未来的你讨厌现在的自己，因为诸事蒙昧，难免摸索，任性的拒绝学习，就是冒险，因为赌的是后来的人生，自己也失去了改变的可能。

›››››››››

年轻时，就要做摩西奶奶

生活中，我们常说，年轻就是力量，年轻就是该奋斗的年龄。身为一个年轻人，如果你希望自己在未来有所成就，就要从现在开始努力，努力创造自己想要的生活，如果你甘于平淡、安于现状，那么最终也只能是不思进取，一生碌碌无为。

有些年轻人还可能认为，我不够聪明，我天性愚钝、我已经过了努力的年龄等，我怎么可能会成功？在这种心态下，他们甘愿庸庸碌碌，看不到自身蕴藏的无限潜能，也失去了努力的动力。而实际上，任何时候，只要你愿意，只要你付出努力，你都可以做出一番成就，这一点，美国的摩西奶奶给了我们最好的证明。

在美国，摩西奶奶是最早并且是最被大家传诵的艺术家，“摩西奶奶”这个名字在美国可能是妇孺皆知的，摩西奶奶（1860年9月7日—1961年12月13日），她的本名是安娜·玛丽·罗伯逊·摩西。

摩西奶奶是一位民间画家，每当人们提到她的名字时，人们能想到的就是她的大器晚成。

摩西奶奶虽是画家，但却从没有接受过任何正规的美术训练，她是一个地地道道的农村女子，一直在农场生活，七十多岁的时候，她因为关节炎再也拿不起针线，所以选择了绘画。

摩西奶奶80岁时，到纽约举办画展引起轰动，直到她生命结束，终年101岁，在长达二十五年的时间里，留下绘画作品1600余幅，在生命的最后一年还完成作品40多幅。

摩西奶奶的人生际遇是传奇的，更是幸运的，当时，发现她绘画天分的是纽约市的收藏家，接下来，她本人包括她的作品就“一发不可收拾”地被大家发现。在美国，人们曾将她与法国“天真派”画家亨利·卢梭相提并论，可是她连亨利·卢梭是谁都不知道。也许，所有艺术家身上都有着无法阻挡的光辉，摩西奶奶作为一名画家，画家的本领可能也是天生的。

但是，即便你是个绘画天才，就好比文森特·梵高，如果你不努力，也成不了大事。摩西奶奶接触绘画时已经年逾古稀，并且，没有受到正规的美术教育，但她却能通过自身的努力和感悟，用自己的画笔绘制出了属于她自己与众不同的人生。

摩西奶奶在成名前与其他农家妇女别无两样，她有10个孩子，她的双手曾经并不是拿来作画的，而是被擦地板、挤牛奶、装蔬菜罐头等琐事所占有。直到76岁那年，她因关节炎不得不放弃刺绣，只好开始绘画。

刚开始的时候，她将自己的作品在当地展览。有一天，当时美国著名的收藏家露易斯·卡尔多发现了摩西奶奶的画，被她纯净的画风所打动，后来，他将摩西奶奶的画推荐给当时的画商卡里尔，也正是因为卡里尔，摩西奶奶才得以进入艺术界。

摩西奶奶一直生活在纽约上州奥本尼远郊一个小镇，她的作品，刚开始只是被展览在当地的杂货铺，并且价格十分低廉，每一幅只卖2~3美元。正是靠着这些微博的收入，摩西奶奶维持着艰难的生活。

对于当时正处于经济低迷状态的美国人来说，摩西奶奶的事迹可以说是一剂强心剂，让人们看到了成功的希望。生活中的每个年轻人，应当从摩西奶奶的故事中得到启示，要在年轻时就向摩西奶奶一样追逐梦想、努力向前。

诺贝尔经济学奖获得者萨缪尔森教授曾经说过：“人们应当首先认定自己有能力实现梦想，其次才是用自己的双手去建造这座理想大厦。”对于年轻人来说，他们总会有这样那样的人生憧憬和理想，如果你能将一切的憧憬都抓住，那么，你就能实现理想，你就能取得事业上的成就，拥有灿烂的人生。然而，生活中，我们看到的多半是那些碌碌无为的人，他们都与自己的梦想渐行渐远，这是为什么呢？因为他们都认为梦想始终是梦想，是遥不可及的，并且，他们还会给自己找很多的理由，比如，我学历不高、竞争太激烈、太冒险了、没有时间、家人不支持我……而没有足够的资金，没有学历，没有这个那个，其实都是缺乏意志力的人为自己找的冠冕堂皇的借口。别忘了那句最常听说却最容易忽略的话：事在人为。事实上，如果你下定决心行动的话，你就能做到。著名文学家爱默生曾经说过："一心向着自己目标前进，行动起来的人，整个世界都给他让路。"所以，有了目标，就是要立即行动起来！光说不练，纸上谈兵，拖延应付，只会让目标成为一个梦。

生活中的年轻人，也许你也曾有过梦想，但紧张的工作、学习、生活，可能会让你搁浅心中的梦想。但你会发现，正是因为你失去了梦想，才会显得无力，没有热情。任何人潜能的激发只有具有一个伟大的动力，才会被最大限度地激发出来。因此，不要犹豫，从现在开始努力，为理想奋斗，你的人生才会快乐精彩。

总之，没有艰辛，便无所获，年轻就是吸收知识、积淀自己的阶段，任何一个年轻人都要告诫自己，一个人只有尽早树立目标，才能尽早付诸行动，才能找到努力的方向。因为目标不会凭空实现，不采取具体步骤，就不可能发生任何事情。

迷茫困惑，是青春本该有的过程

有人说，青春就是一条长长路，这条路就像一条奇幻之旅，接下来，我们完全预料不到会发生什么，我们时而开心大笑，时而忧伤，这条路上充满了悲

欢离合、成功失败，我们会经历风雨的洗礼，也会获得他人的掌声，但青春过后，当我们再回头望时会发现那条路是如此的迷茫，经常迷茫得不知所措。你想成为一个干练的成功者，却总是做出不成熟的举动；你想维系一段关系，却发现自己总是做不好，但终究你总算是走过来了，时间过去了，我们也跟青春告别。

我们每个人的青春都不同，但都是迷茫的、困惑的，这也是青春本该有的过程，在迷茫和困惑过后，我们都能找到自己想要走的那条路，所以，如果你正在走青春这条路，请不要担心，也不要害怕犯错，听从内心的声音。在我们所熟悉的摩西奶奶的身上曾发生过这样一件事：

摩西奶奶75岁才开始提笔作画，1940年，她已经80岁了，那个时候她才第一次在纽约举办自己的个人画展，自此，摩西奶奶在画坛名声大噪。

2001年，在华盛顿的博物馆举办了一次关于摩西奶奶的展览，这次展览展出的大部分物品是摩西奶奶的画作和遗物。

前来参加展览的不少人都被摩西奶奶一件特殊的藏品产生了兴趣，这件藏品并不是摩西奶奶的画作，而是她在1960年寄到日本的一张明信片，明信片的收信人是一个叫春水上行的日本青年，表面上很普通的一张明信片其实却意义非凡。原来事情是这样的：

这个叫春水上行的年轻人是日本著名的札幌医学院的毕业生，尽管他所学的是医学专业，但他最爱的专业是文学，毕业以后，他和很多其他同学一样成为了人们羡慕的外科大夫，但事实上他怎么也开心不起来，每天工作他都无精打采、提不起兴趣，在他的脑海中一直盘算着一件事：要不要放弃人人羡慕的工作去写作，到底该怎么选呢？

于是，他提笔给当时已经成名的摩西奶奶写了这样一封信，希望摩西奶奶能为他指明方向。收到这封信后，摩西奶奶很感动，因为自从她成名后，确实收到了不少信件，但绝大部分都是一些恭贺和赞美之词，很少有人这样坦诚地向她求教人生难题，即便当时的摩西奶奶已经一百多岁、老眼昏花，她还是拿出纸笔给这个年轻人回了一封信。

在这张明信片上，摩西奶奶所写的那句话是这样的："做你喜欢做的事，上帝会高兴地帮你打开成功之门，哪怕你现在已经80岁了。"

那么，这张明信片为什么能引起那么多人的兴趣呢？这是因为明信片上的那句话确实造就了一个成功的文学家，他就是我们家喻户晓的日本大文豪渡边淳一，他为我们撰写了《失落园》、《光与影》、《遥远的落日》等在内的50部长篇小说及其他作品。

摩西奶奶和渡边淳一的故事告诉所有的年轻人：青春本就是充满困惑和迷茫的，在这个年纪，无论你想到什么，就大胆去做。只要从现在开始，"哪怕你已经80岁了"，也为时不晚！

然而，生活中，不少年轻人，看似忙碌，实则迷茫，他们不知道自己到底喜欢什么。到底想要什么样的生活，他们从读书到工作，从少年到青年，总是按照父母长辈们规划好的路线去走，他们不敢有自己的想法，也习惯了听从别人的意见，在他人眼里，也许他们是成功的，三十出头的年纪，工作稳定、有房有车、家有妻儿，一切行进得很平顺。然而，每当独处时，他们总是感到十分落寞、怅然若失，似乎自己的生命里缺少了些什么，他们甚至突然感到活得毫无意义，不知道自己身在何处、无法安宁。

也有一些人，他们的生活和境遇是完全不同的，他们认为，即便没有全世界，也不能失去自己热衷的事业，每当他们沉浸在自己爱好的事情中时，便能忘记全世界。即便他们没车没房，也没有令人羡慕的高学历、高收入，但是他们生活和工作得十分充实和快乐。

生活中的年轻人，可能现在的你也有困惑，原本你有着固定的工作，但是你却不热爱、提不起兴趣，你也许会犹豫要不要放弃稳定工作去做自己喜欢的事情？

摩西奶奶告诉每个年轻人，人的一生，能找到自己喜欢的事情是幸运的。做自己喜欢的事，才会生活得有趣，才可能成为一个有意思的人，当你能不计功利地全身心做一件事情时，你所感受到的愉悦和成就感其实就是最大的收货，你会是开心的、满足的，你才会生活得更美好。

所以，年轻人要记住的是，青春就是个迷茫的年纪，磕磕碰碰不可怕，可怕的是你宁愿安于现状，也不愿意追随自己的内心，去寻找自己热衷的事业，这是一件悲哀的事，永葆激情、不断摸索，不怕失败，最终你会找到属于自己的一条路，最终也会做出成就。

没有什么比青春更美好，更脆弱

摩西奶奶在成名之后成为了很多年轻人效仿和学习的榜样，她曾说过这样一句话："爱你现在的时光。"这句话告诉所有年轻人，一定要过好当下的生活，一定要充实内心，丰盈自己。对于年轻的朋友来说，青春是美好的，在青春的岁月里，我们满怀激情和梦想，对未来憧憬着，为梦想奋斗着，但青春同样是短暂的、脆弱的，固然，我们有年轻的资本，但这个资本不是拿来挥霍的，而是拿来珍惜的，拿来充实自己的，只有珍惜每一天的时间学习，从一点一滴累积好成功的资本，你才会问心无愧。事实上，中国人珍惜时间、努力学习的品质，自古有之。

李贺是一位遭遇不幸的天才诗人，但他懂得珍惜有限的生命。

在他很小的时候，就满腔报负，他曾经吟诗明志："少年心事当那云。"（《致酒行》）他酷爱读书，勤于写作，就连出门骑在驴上的时候，也经常见他吟哦思考。母亲曾十分疼爱地责备他："你一定要把心血呕出来才罢休吗？"

当时，和他同龄的一些纨绔子弟，整日里花天酒地、不思进取。年轻的李贺非常看不惯，便作诗殷切劝诫，诗中写道：

少年安得长少年，海波尚能变桑田。

荣枯递传急如箭，天公不肯于公偏。

莫道韶华镇长在，发白面皱专相待。

李贺惜时如金，醉心创作，他留于后世的二百多首诗作，都是呕心沥血的艺术结晶。

诗人李贺规劝那些少年们不要虚度光阴。他指出：“少年安得长少年，海波尚能变桑田。”岁月陡转，光阴似箭，时间对于任何人来说都是公平的，因此，即使现在的你正值青春年华，但它并不是永驻的，因此，你必须趁早学习，抓住平日积累，积淀人生，充实自我。

青春，是人生中最美好的年华，生命中精彩的花季，亦是我们最脆弱的时期。在这段时光里，每个人都开始走向成熟，但同时，一切问题接踵而至。那些青春已逝的人们才发现，原来自己虚度了太多光阴，于是，昔日，溢满笑意的脸上不知何时愁云莫展，阴云密布。或忧虑，或彷徨，不再有当初的笑脸，只因被如今的现实束缚了脚步。不再是当初的纯真无邪，走向成熟的我们更渴望个性的张扬，但徘徊着，徘徊着，我们发现，青春就这样消失了。

“盛年不重来，一日难再晨。及时当勉励，岁月不待人。”青春那么美好，却又如此短暂，也许你对明天充满了憧憬，也许你对未来满怀着希望。可是如果没有今天的努力和奋斗，理想就会成为永远的泡影。

然而，我们也能发现，一些年轻人，他们总是悲叹青春易逝，人生几何，但依然不奋起直追，不愿努力，依旧得过且过，无所作为，以致虚度光阴，怨天尤人。不得不说，无论什么年纪，每个人都有自己的理想，并渴望成功，而最终能成功的人只不过是极少数，而大多数只能与成功无缘，他们不能成功是因为他们往往空有大志却不肯低下头、弯下腰，不肯静下心来努力学习、从身边的本职工作开始积聚自己的力量。要知道，只有一步一个脚印，踏实、不浮躁的学习，才能为成功奠定基础。而实际上，这正是生活中的一些年轻人所欠缺的，有些时候，他们总是怨天尤人，给自己制定那些虚无缥缈的终极目标。

美国前总统威尔逊出生在一个贫苦的家庭，当他还在摇篮里呀呀学语的时候，贫穷就已经向他露出了狰狞的面孔。威尔逊10岁的时候就离开了家，在外面当了11年的学徒工，每年只能接受一个月的学校教育。

在经过11年的艰辛工作之后，他已经设法读了1000本好书——这对一个农场里的孩子，是多么艰巨的任务啊！在离开农场之后，他徒步到100英里之外的马萨诸塞州的内蒂克去学习皮匠手艺。

在他度过了21岁生日后的第一个月，就带着一队人马进入了人迹罕至的大森林，在那里采伐圆木。威尔逊每天都是在天际的第一抹曙光出现之前起床，然后就一直辛勤地工作到星星出来为止。在一个月夜以继日的辛劳努力之后，他获得了6个美元的报酬。

在这样的穷途困境中，威尔逊暗下决心，不让任何一个发展自我、提升自我的机会溜走。很少有人能像他一样深刻地理解闲暇时光的价值。他像抓住黄金一样紧紧地抓住了零星的时间，不让一分一秒无所作为地从指缝间白白流走。

12年之后，他在政界脱颖而出，进入了国会，开始了他的政治生涯。

威尔逊是任何一个美国人乃至世界人瞩目的对象，而他的成功，就是勤奋学习的结果。学习是向成功前进的营养元素。而当今社会，竞争的日益激烈告诉每个朋友，只有知识才能改变命运，只有学习才能突破，才能具备竞争力。

我们要把摩西奶奶的话记在心里，别让未来的你讨厌现在的自己，今天不过去，明天就不会到来，再伟大的理想，如果没有一天一天的累积，也会倾塌。现代社会，知识改变命运这个道理早已毋庸置疑，时代正在急速发展，各种技术日新月异，已经对生活在这个时代的人提出了新的学习要求，但无论何时，勤奋永远是任何一个年轻人应该摆在第一位的学习态度。如果你没有时刻学习的意识，不通过学习了解掌握新技术，那么你跟不上时代的发展是必然的。

从不后悔，但也再不愿重新来过

自古以来，“爱情”都是人们谈论的话题，由此成就了无数个凄婉哀怨让人断魂的爱情经典。曾经有人说，“总有那么一些事，你从不后悔，但也再不愿重新来过。”这描述的大概就是爱情。这句话也许是要告诉所有的年轻人，趁时光还在、岁月静好，请勇敢爱。

也许在很多年轻人的心里，摩西奶奶给他们的印象是——大器晚成、在绘画上颇有造诣，但对于其婚姻和爱情生活，却了解得不深，这是因为她的爱情平淡如水，却又坚贞如石。摩西奶奶要对年轻人们说的是：“陪伴是最好的爱，可以抵挡世间所有的坚硬，可以温暖生命所有的岁月。”

在27岁那年，安娜·玛丽嫁给了她的丈夫，在上帝的见证下，许下了最美好的誓言，从此她有了一个新的称呼——摩西太太。他们和很多热恋中的年轻人一样经历了第一次牵手、第一次约会、第一次接吻，他们一起坐马车，一起逛街，一起在农场劳作……

在他们举行完简单的婚礼之后，便踏上了开往北卡罗来纳州的火车，他们打算在那里安定下来。有人说，计划赶不上变化，最终，摩西奶奶和她的丈夫并没有到达他们预先设定的目的地，而是将他们的脚步停留在了弗吉尼亚州的斯汤顿时，决定将家安在这里。他们的决定似乎太突然，但这一切也都是因为摩西太太喜欢上了这里美丽的雪伦多亚河谷。

多么浪漫！当然，婚姻离不开柴米油盐。但和大多数人一样，在琐碎的家庭生活中，他们之间的爱情升华了。

很多人认为，两个人过于熟悉之后，便没有了爱情，而更像亲人。其实，当爱情化为揉到血液中的那份亲人般的感情时，才得以升华。

也许在那个时候，摩西奶奶也跟很多年轻的女子一样，曾经幻想过自己的爱情和婚姻生活是浪漫的，而今，她却明白了什么是真正的幸福，那就是守

着自己心爱的丈夫，尽管他只是一名再普通不过的男子，但只要跟他在一起，那么，即使过着再平淡的日子，每天经历一些再琐碎不过的事情，摩西奶奶也乐在其中。一切都是那么顺其自然，那么踏实，就这样，他们一直相爱着。所以，在摩西奶奶年轻时，即便每天都围绕着擦地板、挤牛奶、装蔬菜罐头这些琐碎的工作，成了摩西太太的日常小事。这些带着汗水的小事，丰富了她的人生经历，也让她更懂得生命的意义。

像她母亲一样，摩西太太也生了10个孩子。命运将摩西奶奶和她的丈夫联系得更紧密了。看着孩子成长、看着丈夫守在身边，摩西奶奶觉得这就是幸福。

有爱的地方，哪里都是家。即便她背井离乡、四处辗转，但有他的地方，摩西奶奶就觉得心安。也许他们并不富裕，甚至每天累得精疲力尽，因为他们心里都知道，总有一个人，只要自己跌倒，对方就会在第一时间走过来将自己扶起。即便路途再遥远，也有人用双手替自己挡着风霜，遮着雨雪，在无涯的时间与无边的天地里，彼此相伴着颠沛流离。

生活中的每一个年轻人，也许你身经百战，也可能涉世未深，但是对于爱情，没有人能否认它的存在。时间成了摩西奶奶爱情最好的见证人。

1927年，摩西奶奶一生的挚爱——托马斯离开了人世，但就在那一刻，这一对爱人的手还牵在一起，也许最能证明爱的就是时间，当托马斯闭上双眼的那一刻，摩西奶奶分明地看到托马斯的眼里还有自己的身影，托马斯的生命虽然结束了，但他们的爱情并未结束，因为他们曾有过几世的约定，来生依然做爱人。

有人说，爱情就是一种习惯，你会习惯一个人在自己身边的日子，你也会习惯对方的生活习惯。在托马斯去世之后，摩西奶奶依然觉得托马斯还在自己的生活中，每天，当她睁开眼之后，还是习惯对着托马斯的照片说声“早安”，也习惯了回忆曾经的点点滴滴。生命终止了，但是他们的爱情并未终止。

摩西奶奶和托马斯的爱情是令人羡慕的，是平淡的，但也是经得起时间考验的，是温暖的。他们的爱情就像冬日的暖阳，当你感觉寒冷时，它能温暖你的身心，并且会一直给你力量，指导你前行。

所以，年轻人，不要徘徊不定了，趁着她还爱你，趁着你还爱他，牵起彼此的手，去看最想看的风景。趁着你们彼此还相爱，制造一些温暖的回忆，当你们青春不再、容颜老去的时候，当你们依偎在一起回忆过去的时候，依然能够让彼此嘴角上扬。也许你们会拌嘴，也许你们会冷战，但是时光流过的小路上，留在你们记忆里的不会有争吵，不会有伤疤，那里最终存留的是一起吃苦的幸福，一起牵手的浪漫。

像个孩子一样去爱吧，别再被那些情感专家的长篇大论左右自己的理智，也别再顾虑，如果你真的爱了，就别再等待，也别让爱人等待，而是分分秒秒都想要和他在一起。如果爱一个人，哪怕让对方多等一分钟，都会心疼。所以如果爱了，便去告白，便去行动。如果爱了，便要学会愿赌服输。爱情并不残酷，何必自我放逐。

趁着岁月静好，勇敢地去爱。不要等到时机消逝，再为那份错过的爱而懊恼、哭泣。我们终将赶赴一场名为爱的约会，哪怕最后只剩回忆。

前半生不要怕，后半生不要后悔

在于丹的《庄子心得》中有这样一句话："前半生不要怕，后半生不要后悔。"这句话告诉所有处于人生初始阶段的年轻朋友们，在年轻的时候，你应该敢想敢做，要有冒险精神，人生路上、一马平川的发展可能会比较顺利，但绝不会有所作为，只有勇气才能让你在机遇面前敢于尝试，敢于冒险，才能得到别人所得不到的。而到了年迈之时，我们要学会放平心态，以坦然之心接受一切结果。

年轻人一直引以为榜样的摩西奶奶的经历正是对这一句话做了最好的诠释。

摩西奶奶是个内心恬适的人，但同时也向往冒险。摩西奶奶在27岁那年结婚，随后，她和丈夫便开始了自己的冒险之旅，他们的目的地是北卡罗来纳州，他们踏上了去往那里的火车，打算在那里安定下来。然而，随性的摩西奶奶却最终把家安在了弗吉尼亚州的斯汤顿，因为美丽的雪伦多亚河谷吸引了他们。在举目无亲、陌生的地方，他们开始了自己的幸福生活。

摩西奶奶的大半生都是在这片农场度过的，到她75岁的时候，她的手因关节炎而无法再刺绣，那么，接下来该怎样生活呢？勇敢的摩西奶奶鼓足了勇气，将目光放到一个自己从未涉及但却热情满满的领域——绘画，事实证明，她的决定是正确的，她对绘画事业的热爱也让她得到了回报。

从摩西奶奶的故事中，每个年轻人都应当有所启示，年轻就是资本和力量，现在的你正是“初生牛犊不怕虎”的年纪，凡事应该积极进取，你也要记住，无论你失去什么，都不能失去勇气。现在的你只有敢想敢闯，在年迈的时候才不会留下遗憾。而勇气也并不是一蹴而就获得的，需要你在当下的日常生活中逐渐培养，初入社会的你，从现在起，无论是在工作还是生活中，都要有敢拼敢做的精神。要知道，如果胆小怕事，就不可能获得成功。风险中肯定有困难，但困难中蕴藏着巨大机会的种子。

年轻的朋友，你应该意识到，各种变化已经在我们身边悄然出现，勇敢地投身于其中的人也越来越多了，而如果你不积极行动起来、缺乏竞争意识、忧患意识，安于现状、不思进取，如果你还没被惊醒的话，就会被时代所抛弃，被那些敢于冒险的人远远甩在后面。当然，现阶段，你应该把眼光重点放在培养自己的冒险精神上。

比尔·盖茨说：“所谓机会，就是去尝试新的、没做过的事。可惜在微软神话下，许多人要做的，仅仅是去重复微软的一切。这些不敢创新、不敢冒险的人，要不了多久就会丧失竞争力，又哪来成功的机会呢？”

据社会学专家预测，未来的社会将变成一个复杂的、充满不确定性的高风险社会，如果人类自由行动的能力总在不断增强的话，那么不确定性也会不断增大。

世界著名企业家狄奥力·菲勒并非出生贵族和官宦之家，相反，他生于贫民家庭，但在幼时的他就表现出了与众不同的财富眼光。

很小的时候，他做了第一笔生意。那时，他想买玩具，可是又没钱，于是，他把从街上捡来的玩具汽车修好，让同学玩。然后向每人收0.5美元。很快，不到一个星期，他挣到的钱就能买一辆新的车了。从这件事中，他收获颇多。

成年后的菲勒更是有着惊人的生意头脑。一次，日本的一艘货轮遇到了风暴，船上的一吨丝绸被染料浸过，上等的丝绸变成没人要的废品，面对这种情况，货主打算把这些布匹都扔了。菲勒听到这个消息后，马上找到货主，表示愿意免费把这批废品处理掉，货主非常感激。得到这匹布，他就把它做成了迷彩服装。这笔生意让他赚到十余万美元。

再后来，菲勒曾用10万美元买了一块地皮。一年后，新修建的环城路在那块地附近经过。一位开发商用2500万美元从他手中买走了那块地。

菲勒的思维是与众不同的，他有一双发现财富的慧眼，能够“在别人司空见惯的东西上发掘商机”，这是菲勒最可贵的创业资本，也是他成功的秘诀。不过这里，我们更佩服的是他的勇气，那就是敢想并敢做。一个人，即使有再多的想法并信誓旦旦，如果不付诸实施，那也是徒劳。

每个年轻人都应将“恰同学少年，风华正茂，挥斥方遒”作为自己的座右铭。其实人的一生就是一场冒险，走得最远的人是那些愿意去做、愿意去冒险的人。我们都要相信自己会有所作为，只要你鼓起勇气，尝试第一步，这才是真正的勇者。

当然，人的一生，不只要有勇气，还要有淡然的心，尤其是当我们年迈的时候，当我们回过头来看曾经的经历时，无论怎样，都别再后悔，得失坦然，方为人生最高境界。

曾经有这样一个古老的部落，部落的人们世世代代过着安稳的生活，从没离开过。但是，有一任优秀的酋长，他发誓要让他的孩子们、部落的年轻小伙子们都走出去，到外面的世界上去闯一片新的天地。他对那些孩子们说，你们都走吧，把你们的父母、妻子、孩子都交给我，你们尽可能走到世界上去，也许你们安稳固定的生活秩序被打乱了，但是同样你们的生活也多了一种可能，多了一份精彩。他说我给你们六个字，前三个字先写给你们，都带着走，在遇到困顿的时候都看一眼，去闯荡你们的前半生；后半生回来取后三个字。

这些孩子都走了，当他们一次一次经历磨难的时候，打开纸条就只有简单的三个字，就是“不要怕”。什么事都不要怕，往前走，你总有一天会走出一条路来。人在最困难的时候，总有一句话，叫“不要怕”。其实这是什么？就是“尽人事”，只要有一线光明，一线生机，坚持坚持再坚持。

几十年过去，很多人成功了，在各个领域里面取得了成功。等到他们回来的时候，老酋长早已过世，但是他留下了后三个字，说等他们回来的时候再打开。这后三个字是“不要悔”。也就是说，人的前半生“不要怕”，能有可能的一切都去做；后半生“不要悔”，所走过的每一步都值得，人生没有弯路可言，接受一切结果，这就是一种坦然。

Part 2

是时候了，该向遗憾的人生告别了

>>>>>>>>>

相信你阅读过摩西奶奶的故事，她大半生生活在农场，生活恬适、自然，却在七十五岁的时候选择了自己从不熟识的行业——绘画，这是何等的勇气！这是因为她看到了自己对绘画的热爱，她深知自己想要什么样的人生，正如她告诫年轻人的：“做你喜欢做的事情就对了。”生活中的年轻人，你应该记住摩西奶奶的话，并冷静下来，认识一下真正的自己，如果你觉得现在的人生遗憾，不是你想要的，不妨重新去找寻自己想要的人生吧！

>>>>>>>>>

冷静下来，认识真正的自己

很多时候，走在川流不息的大街上，看着熙熙攘攘、摩肩接踵的人群，作为年轻人的你可能突然之间会感到迷惑：我是谁？来这里干什么？在生活中，一些年轻人因为很难认清楚自己是谁，因而也很难找到自己想要拥有的生活，脚下的道路又是通往何方的。也许这一答案我们能从大器晚成的摩西奶奶身上找到。

摩西奶奶常被当作自学成才、大器晚成的代表。摩西奶奶的人生经历复杂，当她成名之后才被人们所熟识，这一点也不奇怪，因为摩西奶奶在80岁成名之前是一个很普通的农妇。

摩西奶奶出生于一个农民家庭，幼时曾读过几年书，后辍学在家，成为一名地地道道的农场女佣，在她27岁那年嫁给了身为雇农的丈夫，生了十个孩子，其中有五个还在襁褓中的时候夭折。此后，她的大半生像所有美国家庭主妇一样，忙碌于柴米油盐酱醋茶等日常琐事之中。

再看摩西奶奶的经历，我们会发现，摩西奶奶和其他很多大器晚成的人并不同。一些大器晚成的人，在成功之前，要么是浑浑噩噩了很长一段时间，因为特殊的机缘才认识到努力的重要性，要么是一直勤奋努力，这两类人之所以成功，都是因为他们有着很强烈的对成功的渴望，然而，摩西奶奶却并非如此，无论是作画还是做其他事，她都很恬淡，都在追随着自己的内心，过的也都是自己想要的生活。无论做女佣、在农场工作还是刺绣，她都不觉得艰苦。在摩西奶奶开始作画以后，她也是为了让生活有所寄托，为了陶冶性情。她并

没有觉得作画是多么高深的艺术，她只是觉得喜欢，所以就去做了，就像她自己说的，如果不画画，她可能会养鸡。

1961年12月13日，摩西奶奶在纽约州胡西克瀑布逝世，终年101岁。虽然她一生从未接受过正规的艺术训练，但她从未放弃过对美的热爱和对艺术的追求，正因为这一点，她才爆发了惊人的创作力。从她75岁拿起画笔开始，她的绘画生涯只有二十多年，一共创作了1600余幅作品，这些作品都是摩西奶奶个人生活的记录，散发着永恒的光芒。

摩西奶奶去世时，时任美国总统肯尼迪在讣告词中沉痛说道："摩西奶奶的逝世使得美国文化中少了一位深受爱戴的艺术家……全国人民都因她的逝世而悲痛。"40年后的2001年，华盛顿国立女性艺术博物馆举办"摩西奶奶在20世纪"展览，再次引起巨大反响。

无论是摩西奶奶传奇般的人生经历，还是其清新淳朴的画作，再或者是她乐观向上的人生态度，都对处于迷茫中的年轻人以启示，摩西奶奶希望年轻人都能做到重新发现自我，认识自我，收获内心的宁静，淡定从容地过好每一天。

事实上，早在2000年前，古希腊人在德尔斐神庙的一侧刻上了"认识自己"警世之语。几千年，这句话至今仍然在风雨之中傲视着世人。遗憾的是，迄今为止，人们仍然无法肯定地说自己已经实现了"认识自己"的远大目标。

先哲说："人生的真谛在于认识自己，而且是正确的认识自己。"然而，年轻人，我们要知道的是，任何人，都不是在喧嚷中认识自己，也不是在人群之中认识自己，而恰恰是在寂寞的时刻认识自己，于独居的时刻认识自己，犹如深夜的月光洒落在纯净无瑕的窗棱之上。任何一个拥有自我的人，都能做到静静地倾听自己内心的声音，以此认识到自己不为人知的另一面，这一面或许是为人处世中的不足与优势，或许是某种特长等，但无论是哪一方面，只要我们能及时探究出，就有利于自身的发展。

闹市中的人们是听不到自己心底声音的，然而，我们不难发现的一点是，

我们生活的周围，一些年轻人却把命运交付在别人手上，或者人云亦云，盲目跟风，他们忽视了自己的内在潜力，看不到自身的强大力量，甚至不知道自己到底需要什么，不知道未来的路在哪里，于是，他们混混沌沌地度过每一天，一直在从事自己不擅长的工作和事业，以至于无所成就。因此，我们要做到的是倾听自己内在良知的声音，寻找到属于自己的人生意义，然后勇往直前坚持到底。

可以说，我们只有在处于孤立的时候，才更易于接近我们的灵魂，从而帮助我们认识到另外一个自己，这是信仰的开始，是省悟的开始。

不得不说，随着生活节奏的加快，竞争越来越激烈，人们的物质需求越来越多。然而，假如年轻人不能很好地认识自己，不清楚自己所真正追求的是什么，没有人生目标，那么，就很容易形成自满、自负、自我陶醉的心理，甚至还会产生虚荣心。在物质利益的诱惑面前，很多人把持不住自己，盲目地为了追求利益而做出很多有违人性的事情；还有的年轻人虚荣心膨胀，喜欢哗众取宠、炫耀自己，无法客观地、正确地评价自己。与此相反，还有的人总是喜欢和比自己能力强或者物质条件好的人相比，很容易产生无能为力的焦虑，觉得自己一无是处，因而自我贬低……为了避免上述种种情况的发生，每一个年轻人都应该正确地认识自己，意识到每个人都有自己的长处和短处，都有自己拥有而别人却没有的东西，都有属于自己的幸福。只有这样，才能以平静的心态坦然地面对生活。

学会反省，别迷失自我

有位哲人说：“人，一撇，一捺，说起来容易，做起来难。”的确，因为人无论如何也不能做到完美，面对外界的纷扰，我们更容易迷失自我。南宋僧

人曾做一偈：“身是菩提树，心如明镜台。时时勤拂拭，勿使惹尘埃。”实际上，任何一个人，行走于世时间长了，心灵难免会沾染上尘埃，如果不能经常的自我反省，很容易使原来洁净的心灵受到污染和蒙蔽。我们身边有很多每天都开心生活的人，他们的共同特质在于懂得自省，因而有能力为自己的所作所为找到深赋价值的目的。新时代的年轻人，如果你希望追随自己的内心、希望不断完善自身的能力、知识、心灵，就要学会反省，补充不断流失的水分。

美国艺术家摩西奶奶的故事给了我们最好的诠释，她行至暮年才发现自己有惊人的艺术天分，75岁以后开始作画，80岁举行首次个人画展。

摩西奶奶认为，任何一个人，假如不主动去唤醒自己内在潜能的话，那么，它就会转化或自行泯灭，摩西奶奶告诉所有的年轻人，一定要认识自己，选择自己，反省自己。正像格拉宁说的那样：“假如我们生活中的每个人都知道自己要去干什么，那该多好！因为我们每个人的能力比他自己所想象得要大得多。”

然而，现代社会，不少年轻人都生活在灯红酒绿的都市中，到处充满着诱惑，真正能做到静下心来反省自己的几乎没有，在充斥着各种颜色的生活中，懂得舍弃的人又有几人？人本性中的单纯、朴实早已被我们甩在了身后。也许在这个快节奏的时代，我们真的走得太快了，是该停下脚步的时候了，等一等被我们丢远的灵魂。这样，才能让自己的心静下来，思索我们的人生。

那么，什么是反省呢？反省——即检查自己的思想行为，检查其中的错误。学会反省，就是人做出一件事实作出自我检查。古人云：“知人者昏，自知者明。”的确，人贵在有自知之明，试想，如果一个人自己不能了解自己，目空一切，心胸狭窄，心比天高。又怎么能虚心进取？就更不用说成功了。古人邹忌自知自己不如城北徐公美，但却从中得出客人有求于他，他的妻子爱他，他的小妾害怕他，都是因为有求于他，这说明他是一个注重自省自知的智者。

事实上，反省无时无地不可为之，也不必拘泥于任何形式，不过，人在事

物繁杂的时候很难反省，因为情绪会影响反省的效果。你可在深夜独处的时候反省，也就是在心境平静的时候反省——湖面平静才能映现你的倒影，心境平静才能映现你今天所做的一切！

当然，真正有效的反省都是在头脑清醒的情况下进行的，正如哲学家尼采所说的："不要在疲惫不堪的时候反省自己，这并非因为你冷静地反省了自己，你只是累了。在疲劳时进行反省，乃是郁闷设下的陷阱。"他这句话的含义是，一个人在结束了一天的生活和工作后，会不由自主地回顾当天的生活。此时，你会关注到自己和他人的行为，就会从中发现一些令你不愉快的部分，你就会变得郁郁寡欢，这种情绪的产生可能是因为你认为自己是无能的，你也可能认为他人是可恨的，那最终，你会伴随这样一些负面情绪睡去。很明显，此时的反省不是有效的，你只是疲惫了，此时，你该做的就是休息，等身心放松了再进行反省，你会更平和地看待问题。

至于反省的方法，要做到因人而异，有人写日记，有人则静坐冥想，只在脑海里把过去的事放映出来检视一遍。不管你采用什么样的方式，只要真正有效就行，自省也不能流于一种形式，每日看似反省，但找不出自己的问题，甚至对错不分，那就很值得注意了。

那么，每天你又应该反省些什么呢？是不是专门跟自己过不去？不！以下几个方面就值得你去自省：

人际关系。你今天有没有做过什么对自己人际关系不利的事？你今天与人争论，是否也有自己不对的地方？你是否说过不得体的话？某人对你不友善是否还有别的原因？

做事的方法。反省今天所做的事情，处事是否得当，怎样做才会更好……

生命的进程。反省自己至今做了些什么事，有无进步？是否在浪费时间？目标完成了多少？

如果你坚持从这三个方面反省自己，那一定可以纠正自己的行为，把握行动的方向，并保证自己不断进步。

要成为一个有自我反省能力的年轻人，一定要做到自我否定，就是要勇于认错。每个人都会有错误和缺点，有了错误，主动接受批评和自我批评，认真反省自身缺点，从而不断改进自己、升华自己。那么，生活中的年轻人，你有反省的习惯吗？趁早培养吧，它能修正你做人处事的方法，给你指引明确的方向……

反思自己是一件痛苦的事情，会反思是一种智慧，跻身于人群中的年轻人，你有必要记住摩西奶奶的话，做到经常反思自我，思考自己的得失功过，只有这样，你才不至于迷失自我。

勇敢地走向心中向往的那条路

我们可以说，在每一个年轻人的心中，都心存梦想，都有自己向往的生活，但如果你畏首畏尾、只是幻想而不付诸实践的话，你只能在一片幻想的迷途中越陷越深。因为成功与胆量有着莫大的关系，有胆量的人才有资格拥有成功。那些在取得了一点成就后就安于现状、求稳的人，最终，他们只能陷于平庸。有胆量，敢于破釜沉舟的人，才会置之死地而后生，实现新的突破。

事实上，“勇敢”是任何一个年轻人必不可少的品质。要取得成就有很多必要条件，其中的一条非常重要，那就是：勇气。然而，我们发现，现实生活中，有这样一些年轻人，他们刚开始时都满怀理想，但在社会上打拼几年后，越发感到衣食住行等实际需要的重要性，于是，在获得了一份稳定的工作之后，往往就会在时间的消耗下失去进取的锐气，无奈地满足眼前的一切。

看那些成功者的历史，我们不难发现，他们即使到了山穷水尽的地步也没有失去勇气，他们会选择背水一战，尽管他们知道前面的路十分凶险，但他们更知道，不冒险就做不到破釜沉舟，没有这一步，人生就是一潭死水，淹没的

是一个人的挑战性和创造性。我们所敬仰的摩西奶奶就是这样一个即便在晚年依然勇敢追逐自己梦想的人。

摩西奶奶说，这个世界上，谁都可以画画，只要她愿意。“你最愿意做的那件事，才是你真正的天赋所在。”摩西奶奶的成功可以说是大器晚成，也可以说是无心插柳，但不管怎样，她始终对生命、对生活、对美充满了热爱，也始终在坚持做自己内心向往的事，这是每个年轻人应该学习的。

所以，她的成功没有艰难困苦，她是一个快乐的成功者，并不断把这种乐观散播到世界各地。我想，这就是摩西奶奶最大的魅力所在吧！

任何一个年轻人，都应该学习摩西奶奶，时间不老，此生未完，任何时候都不算晚。可人生经不起犹豫，想到了，立刻去做，帮你赢得时间。人到底该在什么时候做什么事，并没有明确规定。如果我们想做，就从现在开始。

哲人说，自己是最大的敌人，人有时最难突破的，就是自身的局限性。这就是为什么那些处于困境中的人比那些已经取得温饱的人更有作为。想迈开脚步大干一场，又不舍得抛开自己现有的温饱保障，如此瞻前顾后，必定无所作为。

除了摩西奶奶外，我们还能从早川德次身上看到这一点。早川德次一是日本著名的早川电机公司的董事长，这家公司因为生产著名的夏普电视机而闻名于世，而早川德次却是一个命运坎坷的人。还在小学二年级时，他的父亲就去世了，他不得不去一家首饰加工店当童工。

早川是个坚强的人，在他很小的时候，他就告诉自己：“即使我没有疼爱我的长辈，但我一定要努力生活，做出一番成绩来。”

童工生活是辛苦的，他在首饰店每天的工作除了烧饭带孩子就是干一些体力活。时间过得很快，一晃四年过去了，有一次，小早川终于鼓起勇气向老板提出：“老板，请您教我一些做首饰的手工好吗？”

老板一听，生气地对他说：“小孩子，你能干什么呢？你喜欢学的话，自己去学好了！”

早川一想，是啊，为什么要靠别人，自己去学吧，于是，从那以后，他开始留心店里的技术活，尤其是当老板找他帮忙时，他都尽量多看、多想，这样，他终于靠自己的努力学到了一些关于工作上的知识和技能。

功夫不负有心人，他成为了一个耳聪目明的人，18岁他就发明了裤带用的金属夹子，22岁时发明了自动笔。他有了发明，老板便资助他开了一家小工厂。

这种自动笔很受大众喜爱，风行一时。世界没有给他任何东西，但他却给世界很多。30岁时，在他赚到1000万日元以后，就把目标转向收音机界，设立平川电机公司。

早川德次为什么能够成功？因为他能够把梦想归于实践。生活中的年轻人，也许现在的你也有很多梦想，你可能希望自己能成为一个著名企业家、一名人民教师、歌唱家等，但无论如何，你要知道，理想不同于妄想和幻想，一定要有勇气，敢于追逐自己的梦想，要立即去做，这样，离你的梦想就不远了。

生活中，不少年轻人渴望得到成功，渴望开创自己的事业，但每每考虑到会有失败的可能，他们就退缩了。因为他们怕被扣上愚昧的帽子，遇到别人取笑；他们不敢否认，因为害怕自己的判断失误；他们不敢向别人伸出援手，因为害怕一旦出了事情而被牵连；他们不敢暴露自己的感情，因为害怕自己被别人看穿；他们不敢爱，因为害怕要冒不被爱的风险；他们不敢尝试，因为要冒着失败的风险；他们不敢希望什么，因为他们怕失望……这种可能会遇到的风险，让那些不自信的年轻人们畏首畏尾，举步维艰，他们茫然四顾，不知道自己的出路在何方，殊不知，人生中最大的冒险就是不冒险，畏首畏尾只会让自己的人生不断倒退。

每个年轻人都要记住摩西奶奶的话，在现代社会，没有超人的胆识，就没有超凡的成就。在这个时代，墨守成规，缺乏勇气的人，迟早会被时代所抛弃。处处求稳，时时都给自己留有退路，这是一种看似稳妥却充满潜在危机的生存方式。作为年轻人，要想拥有自己想要的生活，就要勇敢地走心中向往的那条路。

做你想做的事就对了

生活中，我们常听到人们说“人生苦短”，每个人都希望获得幸福，而其实，大多数人的一生，要求很简单，做着自己喜欢的事情，与自己喜欢的人在一起，便是莫大的幸福。然而实现它却并不容易。怎样才能实现呢？摩西奶奶会告诉我们答案。

摩西奶奶说：“做你喜欢做的事，上帝会高兴地帮你打开成功之门，哪怕你现在已经80岁了。”你最愿意做的那件事，才是你真正的天赋所在。

在摩西奶奶去世后，《纽约时报》上曾经刊登了这样一句话：“在她生命的最后几年，她仍然在坚持学习作画，观察她身边的一切事物，并且一直坚持，几乎没有中断。”

75岁时，摩西奶奶开始动笔画画。80岁那年，她在纽约举办了个人画展。摩西奶奶之所以年逾古稀还作画，就是因为热爱绘画。

可见，热爱本身就是一种创造。由于热爱，你为自己创造了一个未来，即便现在的你已经不再年轻，只要你做你想做的事，那么你便已经成功了，你的人生已经有一份自己满意的答卷。

无独有偶，除了摩西奶奶外，哈佛大学82岁时毕业的伊丽莎白的故事也告诉我们一个道理：敢于追逐自己的梦想，无论何时都不晚。

伊丽莎白，她82岁从哈佛大学毕业。她之所以能成为哈佛人敬重的对象，并不是因为她已年迈，而是因为她有一颗勇敢的心。

又是一年毕业典礼，这一天，伊丽莎白和其他毕业生一样身穿学士服，头

戴黑色学士帽，她从校长手中接过自己的学士毕业证书。在获得文科学士学位的同时，她还被颁发了一项表彰其学术成就和品德的奖项。在这一刻，伊丽莎白是激动的。她的勇气终于让她有所收获。

事实上，伊丽莎白能拿到哈佛大学的毕业证书，也是一个相当艰难的过程。

1941年，伊丽莎白就从高中毕业了，之后，她陆续生了4个孩子。26年前，她有幸成为了哈佛大学健康服务部门的员工，在哈佛大学工作，她被学校这种浓厚的学术氛围感染，慢慢地，她开始穿梭于各个课堂之间，旁听各种课程。

就这样过了很多年，伊丽莎白并没有正式注册成为哈佛的学生，因为她认为自己根本没有能力完成这么多课程。然而，就在9年前，她的同事和同学都鼓励她，这让她产生了争取学位的念头。

此时的伊丽莎白已经是73岁的高龄。对于这样年纪的人来说，安享晚年大致是最好的选择，但伊丽莎白不甘心，她告诉自己，一定不能就这样放弃。于是，她再次鼓起勇气，走进了哈佛的课堂，为此，她给自己制订了十年的目标，也就是要在83岁之前从哈佛毕业。

如今满脸皱纹的伊丽莎白在哈佛工作了25年，学习了20年，攻读了9年学位，最终赶在自己的孙女之前获得了本科学历。

在哈佛，伊丽莎白可谓是独特的一位学生。很多教授，都以伊丽莎白的事迹作为案例，鼓舞学生：树立信心、果敢尝试，走属于自己的路。

生活中，有太多的人，他们把一生浪费在了等待中，白白浪费了宝贵的生命。多少人，他们曾经是一个英姿飒爽的少年，但如今却已步履蹒跚。年轻人，如果你不想重蹈他们的覆辙，就要告诉自己，选择去尝试，勇敢一点，才不会自己后悔。

所以，生活中的年轻人，喜欢一件事，就开始去做吧。即使此时此地只能把它当成业余爱好，你坚持去做了，点滴积累，有一天，它会成为你的专长，成为你可以靠之养活自己的看家本领。你要去相信，你最愿意做的那件事，才是你真正的天赋所在。

人生需要选择，需要你果敢地去拼搏，去行动，去做自己该做的事情，哪怕你很畏惧，哪怕你很犹豫，但如果摆在你面前的路是正确的，你就要立即行动起来。

有句话说得好："选择你所爱的，爱你所选择的。"年轻人，为了培养你对工作的热情，首先，在择业之前，你应该考虑自己的兴趣。如果工作在某些方面真的令你缺乏兴趣，我并不是说一定要强迫你每天在工作的时候保持微笑。一般情况下，如果你真的不喜欢自己所做的事情，对它缺少积极性，那么这是不值得的，不管你得到的薪水有多高，不管你的职业生涯攀上了多少高峰，都是不值得的。

如果你并不了解自己的兴趣所在，怎样才能挖掘出它们呢？有很多方法可以做到这一点。例如，在你目前的工作中，你最喜欢它的哪些方面？是和他人共处，还是不和他人共处？是智力挑战，还是解决问题或者某个问题在某一天结束的时候有了具体答案的满足感？

总之，人生就是如此，只要你敢于跨出第一步，去做你想做的事，你就能获得源源不断的动力，就能朝着目标不断迈进，最终收获一番成就。

或读书，或旅行，身体和灵魂，总有一个在路上

"世界很大，我想去看看。"这句话说出了多少困于钢筋混凝土中年轻人的心声，忙碌的工作、繁琐的生活，让原本年纪轻轻的他们感觉疲惫不堪，但你可曾问过自己，这是你想要的生活吗？也许摩西奶奶能告诉你答案。

摩西奶奶告诉每一个处于困惑中的年轻人，追随你的内心，去选择，去冒

险吧。她的前半生和后半生都经历了令我们敬佩的冒险活动，无论是婚后的第一次“大迁徙”，还是晚年投身于绘画事业，都是冒险之举，但事实也证明，她是明智的，也成功了。

每一个年轻人都应该从摩西奶奶的经历中获得启示，人生不会重来，现在想去做什么，就去做，不要等到年老了再后悔。

作为现代社会的年轻人，你们的压力到底有多大？无形的压力主要源自三个方面：工作、经济、健康。每天面对这些繁琐的问题，难免产生不良情绪。于是，越来越多的人在寻找如何减压。

曾经有人说过，或读书，或旅行，身体和灵魂，总有一个在路上，读书可以让我们增长知识，而旅行可以让我们开阔视野，我们在扫描更多见识的时候发现了某些更符合自己内心愿望的爱好，而且真的见过就比只在书上看过或者听人说过更有触动性。

人的灵魂不能浅薄，庸俗，无聊，它永远在追求最高尚的东西。使之高尚的重要渠道就是读书。书是使人类进步的阶梯；书是智慧的殿堂，珍藏着人生思想的精英，是金玉良言的宝库。另外，读书可以净化我们的心灵，当我们内心浮躁不安的时候，不妨让自己徜徉在书的海洋中，你会发现，文字是世界上最为美妙的东西。

我国著名经济学家、《资本论》最早的中文翻译者王亚南，从小就酷爱读书。他在读中学时，为了争取更多的时间读书，特意把自己睡的木板床的一条脚锯短半尺，成为三脚床。每天读到深夜，疲劳时上床去睡一觉后迷糊中一翻身，床向短脚方向倾斜过去，他一下子被惊醒过来，便立刻下床，伏案夜读。天天如此，从未间断。结果他年年都取得优异的成绩，被誉为班内的“三杰”之一。

1933年，王亚南乘船去欧洲。半途中，突然刮起了大风，顿时巨浪滔天。当时，王亚男正在甲板上看书，他的眼镜已经被被风吹走了，这时，他赶紧求助于旁边的服务员说：“请你把我绑在这根柱子上吧！”

听到王亚南的话，服务员不禁笑了起来，因为他以为王亚南是害怕自己被巨浪卷到海里去。谁知道，当他真的将王亚南绑在柱子上时，王亚南居然翻开书，聚精会神地看起书来。船上的外国人看见了，无不向他投来惊异的目光，连声赞叹说："啊！中国人，真了不起！"

我们每个人都应该学习王亚南的读书精神，并要逐渐在生活中培养读书的习惯，长此以往，你必定会爱上阅读。

生活中的年轻人，多读些书吧，读些好书。会读书的人都是身心健康的人。因为，书能给我们带来心灵最深处的滋养，当你被尘世所烦恼的时候，书会带我们步入一个世外桃源，一个脱离了纷扰现实的精神殿堂。

书是知识的海洋，其实，爱上阅读并不是什么难事，关键是你要学会读什么书，怎么读书，慢慢养成良好的读书习惯，你就会爱上读书。为此，你不必刻意追求读书的数量。的确，我们不得不承认，现在市场上充斥着各种书刊，并不是什么书目都是适合青少年阅读的，真正有品位。

要学会带着感情阅读，这有利于培养自己的表达能力以及想象力。另外，你还可以写一些读书笔记，写出自己的感受。再者，睡前阅读是最佳阅读时机，浅睡眠时期最容易进行无意识的记忆，因此睡前的阅读一定要把握。

旅游，是生活中的最大乐事。旅游虽然要花去不少钱，但它给人们带来的欢乐无穷无尽。一次愉快的旅游，会使你终身难忘。假如一个人爱旅行的话，那么，他势必心胸更广阔，更有解决问题的弹性。

自然能净化人的心灵，让人返璞归真。自然的一切声音：风声、雨声、松涛声、犬吠、鸡鸣、蟋蟀叫都是动听的。听到它们的时候，是心情最宁静的时候。这宁静，是没有争逐的安闲，是没有贪欲的怡然。这些属于自然的美妙，只有爱旅行，远离尘嚣的人才能听得懂、看得到。因为从书中，他也能感受着自然的每一天：红梅傲雪沐浴晨光中，天地一片灿烂，心神清新而明朗；徜徉晚霞里，感到人生无限温暖，精神愉悦而高洁。即使坐在屋内读书，也要靠窗而坐，用心去依靠那一树摇曳的翠绿，去接受那清风的吹拂。

旅行能欣赏风光，增长见识。旅游是个综合性的活动，它具有很大的学问。简单地说，旅游包含着天时、地利、自然、考古、建筑、园林、动植物学、方言、风土人情、饮食文化、地方土特产等。这些我们在旅游中都能碰到，虽然我们不会对这些项目进行特殊研究，但在旅游中，不妨做个有心人，有必要了解一下，权且把旅游的过程当作一个考察学习增长知识的过程。

因此，长时间围困在钢筋水泥建筑里的年轻人，不妨偶尔冲动一次，给自己的身体或者心灵放放假!

Part 3

人生且长，别拿来不及了当借口

›››››››››

摩西奶奶说：“任何人都可以作画，任何年龄的人都可以作画。”年逾古稀的摩西奶奶就是大器晚成的代表，她的成功告诉所有的年轻人，成功不在于起步时间的早晚，也不在乎年龄的大小，只要我们为成功付出了相当的努力，成功就会来到我们的身边。也就是说，一旦有了自己的梦想或者目标，就要立刻着手进行，不要拖延，不要总想着以后，也没有什么来不及的，因为现在就是最好的开始。

›››››››››

现在开始，人生没有什么来不及

我们发现，生活中，总有一些年轻人感叹：其实我并不喜欢现在的生活，我更想……谈了一大堆的计划，一大堆的梦想，可是，最后他们并没有去实践，如果这么一问，他们还会摇摇头说：不行啊，无奈啊，没办法啊，因为来不及了……真的来不及了？既然无力改变又何必总是埋怨？如果埋怨、不满，又为何不去努力改变？

如果你留心一下周围形形色色的人，就会发现，那些少数生活的快乐的人，并不是因为他们有很多的钱，也不是因为他们有更好的房子、工作，他们只不过是能够真正地为实现梦想而努力，怀着最真诚的心去追求自己想要的东西。

对于任何一个年轻的朋友，你的人生才刚刚开始，只要你树立自己的人生目标，并为之努力，那么，就没有什么来不及。只要你立即行动、大胆地去实践，而不只是把它当成一个遥不可及的梦想，你就能实现，相反，如果你默默地将梦想藏在心底而不付诸行动的话，你只能感到莫大的遗憾。

如果你觉得现在努力已经来不及的话，那么，七十岁的摩西奶奶呢？那个时候的摩西奶奶才开始作画，但最终声名鹊起，八十岁也不晚。为此，摩西奶奶曾说，“只要你想做，永远都不晚”。这是摩西奶奶的一句经典励志名言，说得容易，做起来难。

摩西奶奶告诉所有的年轻人，成功不在于起步时间的早晚，也不在乎年龄的大小，只要我们为成功付出了相当的努力，成功就会来到我们的身边。反过来说，真正的成功来自于长期持之以恒的努力，任何急于求成和投机取巧都是无济于事的。一个投机取巧的人，一定一事无成；一个急于求成的人，不配做高手。

真正的高手，都是那些能够克服漫长拼搏的恐惧和枯燥，克服无情岁月的流逝和青春的发黄，一步步达成人生目标的人。

生活中，很多人都有周游世界的梦想，可是有几个人能不顾一切地去实现它呢？然而，一位叫索菲娅的女孩就做到了。

索菲娅是某世界知名大学的一位歌剧演员。

在一次演讲中，他当着全校师生的面提及自己的梦想——大学毕业后先去欧洲进行为期一年的旅游，然后，要在纽约的百老汇闯出一片大地。

就在她结束演讲的当天下午，她的心理学老师找到她，尖锐地问了一句："我听说你想去百老汇，那么，你今天去百老汇跟毕业后去有什么区别？"

老师的话点醒了索菲娅，她仔细一想："是呀，大学生活并不能帮自己争取到去百老汇的机会。"于是，索菲娅决定一年以后就去百老汇闯荡。

这时，老师又问她："你现在去跟一年以后去有什么不同？"

索菲娅一想，的确如此，接下来，她告诉老师自己决定下学期就出发。

老师紧追不舍地问："你下学期去跟今天去，有什么不一样？"是啊，老师说得对，接下来，索菲娅有些晕眩了，她仿佛现在已经置身于百老汇那金碧辉煌的舞台上了……她终于决定下个月就去百老汇。

老师乘胜追击问道："一个月以后去和今天去有什么不同呢？"

索菲娅的心情很激动，她说："好，我准备一下，一个星期以后就出发。"

老师步步紧逼："百老汇什么买不到？那些生活用品更是到处都是。你一个星期的时间准备什么呢？"

索菲娅激动地说道："好，我明天就去。"老师赞许地点点头，说："我已经帮你预订好明天的机票了。"

第二天，索菲娅就坐飞机来到了全世界艺术的最高殿堂——美国百老汇。

当时，百老汇一位著名的制片人正在筹备一部经典剧目，很多艺术家都前去应征主角，按照步骤，她需要先从这些应征者中挑选出10位候选人。索菲娅得知这个消息后，并不是花时间去为自己置办行头，也没有去学习如何打扮自己，而是先从一位化妆师那里借到了剧本。接下来的两天时间里，她把自己关在出租屋里自编自演。

面试这天终于到了，索菲娅有点紧张，但稍作深呼吸之后，她给自己打足了气，当制片人问及她的表演经历时，她笑了笑，然后说："我可以给您表演一段原来在学校排演的剧目吗？就一分钟。"制片人首肯了，他不愿让这个热爱艺术的青年失望。

索菲娅表演的正是制片人要排演的剧目，制片人惊呆了，因为眼前这位姑娘的表演实在太棒了。他马上通知工作人员结束面试，主角非索菲娅莫属。就这样，索菲娅来到纽约没几天就顺利地进入了百老汇，开始了她灿烂的艺术人生。

听完摩西奶奶的忠告和索菲娅的故事，年轻的朋友们，你是否有所启示？的确，成功的人生与那些蹉跎的人生最大的区别，就是——行动！如果你能追溯那些成功人士的奋斗之路，你就会感叹："难怪他会做得这么好！"怎样才能获得最大的成功呢？是马上行动！生活中的你也不要再感叹时光荏苒了，从现在起，立即行动吧，下一刻也许就是成功！

比如，如果你梦想成为知识专家，那就立刻看看自己适合于研究什么专业，立刻分析现在社会的前沿信息是什么，立刻专心于读书学习，那就立刻开始，选书目、定方向、写笔记，立刻开始阅读，不要拖延时间；如果梦想成为政治家，那就立刻学会演讲、学会写作、学会协调，立刻研究人脉、研究社会、研究管理……

摩西奶奶，人生开始于80岁

相信我们生活中的每一个人，在年少时都有自己的梦想，都心有所向，梦想可以燃起一个人的所有激情和全部潜能，载他抵达辉煌的彼岸，然而，随着时间的流逝，一些人终将自己的梦想搁浅，当人们问及为何放弃梦想时，他的回答是："来不及了"、"年纪大了"等，然而，如果你了解摩西奶奶的经历，你就不会再找这样的借口了。

摩西奶奶——她的人生真正开始于80岁，她真正提笔始于75岁，80岁那年在纽约举办了个人画展后，摩西奶奶的画便在绘画界引起轰动，她被认为是美国著名和最多产的原始派画家之一，闻名全球的风俗画画家。

1961年12月13日，摩西奶奶在纽约的胡西克瀑布逝世，终年101岁。她的一生都未曾接受过正规的绘画教育，但她一直坚持着对生活的热爱，对美的追求，正因为如此，她到晚年才认识到自己在绘画艺术上的潜能，并爆发了惊人的艺术天分，在二十多年的绘画生涯中，她共创作了1600幅作品，并且，她的每一副作品都成为热卖的对象。

对于摩西奶奶的成功，不少人进行了探索和研究，其中被公认的最重要的权威Jane Kallir这样评价："在成名之前，摩西奶奶一直是一位民间艺术家，但是，当她成为一位流行画家之后，因为她的作品的大众吸引力使得人们忽略了其艺术价值。"

摩西奶奶告诉每一个年轻人，梦想不是易碎品，不需要轻拿轻放，而是需要我们奋力追逐，需要我们的付出和努力。

在摩西奶奶身上，我们看到，任何一个人，无论年岁几何，无论是富贵还是贫穷，只要他对生活向往和热爱，就能让生命大放异彩。

很多年轻人以摩西奶奶为人生的榜样，大概就是希望能在摩西奶奶身上看到未来的自己，即便年老色衰，依然有着积极向上的热情和年轻的心态，依然

步履轻盈地朝着自己想去的方向大步向前。这是我们理想的模样，是在我们的规划图中最期待的晚年。

不仅是摩西奶奶，看古今中外的历史，大器晚成的故事比比皆是。

有这样一个人，他5岁时就失去了父亲，他14岁时从格林伍得学校逃学开始了流浪生涯，他在农场干活，干得很不开心。他当过电车售票员，也很不开心。16岁时他谎报年龄参了军，但是也不顺心。一年服役期满后，他去了阿拉巴马州，在那里他开了个铁匠铺，但不久就倒闭了。

随后他在南方铁路公司当上了机车司炉工，他很喜欢这份工作，他以为终于找到了属于自己的位置。

他在18岁时结了婚，仅仅过了几个月的时间，在得知太太怀孕的同一天，他又被解雇了。接下来，当他在外面忙着找工作时，太太卖掉了他们的所有财产，逃回娘家。随后大萧条开始了，他没有因为总是失败而放弃，别人也是这么说的，他确实非常努力。

他曾通过函授学习法律，但后来因生计所迫，不得不放弃。他卖过保险，也卖过轮胎。他经营过一条渡船，也开过一家加油站。

但这些都失败了。

有人对他说："认命吧,你永远也成功不了。" 有一次，他躲在弗吉尼亚州若阿诺克郊外的草丛中，谋划着一次绑架行动，他观察过小女孩的习惯，知道她下午什么时候会出来玩。他静静地埋藏在草丛里，思索着，他知道她会在下午两三点钟从外公的家里出来玩。

尽管日子过得一塌糊涂，可他从来没有过绑架这种残酷的念头，然而此刻他却借着屋外草丛的掩护，躲在草丛中，等待着一个天真无邪的小女孩。

可是，这一天，那个小女孩没出来玩。因此他没有突破一连串的失败。后来他成了考宾一家餐馆的主厨，要不是那条新的公路刚好穿过那家餐馆，他会在那里去得一些成就。

接着到了他退休的年龄，他并不是第一个，也不会是最后一个到了晚年还无以为荣的人。

时光飞逝，眼看一辈子都过去了，而他却一无所有。要不是有一天邮递员给他送来了他的第一份社会保险支票，他还不会意识到自己已经老了。

那天，他身上的什么东西愤怒了，觉醒了，爆发了。

有人同情他说：“轮到你击球时你都没打中,不用再打了，该是放弃、退休的时候了。他们寄给他一张退休金支票，说他老了。”他说：“呸。”他收下了那105美元的支票,并用它开创了新的事业。

而今，他事业欣欣向荣。而他，也终于在88岁高龄时大获成功。

这个到该结束时才开始的人就是哈伦德·山德士——肯德基的创始人，他用他的第一笔社会保险金创办的崭新事业正是肯德基家乡鸡。

无论是摩西奶奶，还是哈伦德·山德士，从他们的经历中，我们都可以看到他们在自己感兴趣的高峰上艰苦攀登的足迹。

事实上，一个人的成才和事业成功与年龄并无直接的关系，而是在于内心有一颗永不熄灭的、火热的心始终对梦想有着强烈的冲动，只要你一直走心中向往的那条路，即便你已经年逾古稀，依然能驾驭自己的人生，实现自己的人生价值。

五年以后的你是什么样子

我们先来假设一下，有两个年轻人，他们能力不相上下，也都一无所有，一个年轻人总是积极向上、每天干劲十足、努力充实自己，每每遇到挫折，他依然鼓励自己不能消极；另外一个年轻人，他目标模糊、满足于现状、每天浑浑噩噩、得过且过，想象一下，五年后，他们会有什么不同?

尽管只是五年的时间，他们的差距已经显现出来了，前者通过自己的奋斗，已经小有财富，做人办事顺风顺水，事业越做越大、春风得意，而后者，稍微遇到一些问题，便慨叹自己解决不了，每天活在抱怨中，常常为生计、金钱而苦恼。

这两种人，你想做哪种？当然是第一种！任何人，都希望实现自己的梦想，都希望过上自己喜欢的生活，然而，如果你现在不努力的话，一切都是空谈。为人敬仰的摩西奶奶在八十岁还敢于追逐自己的绘画梦，这就给我们年轻人莫大的鼓舞，她曾告诫年轻人："有人总说：'已经晚了。'实际上，'现在'就是最恰当的时候。对一个真正有追求的人来说，生命的每个时期都是年轻的、及时的。"

其实，何尝只是摩西奶奶呢？任何一个有一番作为的人，都认识到了只有努力才能改变现在的状态，只有努力才能营造出美好的五年，只要你从现在开始就努力，只需要五年的时间，你的生活和生存状态就会发生翻天覆地的变化。

可能很多人一直感叹于他人的成功，也很容易想象自己勇敢的时候是什么样子。但是当需要他们拿出勇气时，他们却有点不知所措：他们其实一点也不勇敢，他们还会因为恐惧而感到恶心。我们甚至可以用"意志薄弱"、"两腿打颤"、"脚底发凉"以及"战战兢兢"等词语来描述他们在畏惧时的心态。事实上，我们每个人的人生路上都需要勇气，但却因为畏惧而退缩了，这才是人生的悲剧。去做你所恐惧的事，这是克服恐惧的一大良方。大多数人在遇到棘手的问题时，只会考虑到事物本身的困难程度，如此自然也就产生了恐惧感。但是一旦实际着手时，就会发现事情其实比想象中要容易且顺利多了。

我们不难发现，那些做人做事怠慢、停滞不前的人，通常都有个缺点，那就是不容易集中注意力。他们很容易被周遭的消极事物所影响，发生任何一件事，他们的解释都是痛苦的，而不去换一种方式思考。时间一长，他们对事情的认知程度就永远停留在最原始的水平上。

当然，要转化积极心态，并不是简单的一句话。在积极向上的大框架下，完全可以向深层挖掘，将其具体化，变成自己明确可靠的人生地图。

凯斯特是一名普通的汽车修理工，生活虽然勉强过得去，但离自己的理想还差得很远，他希望能够换一份待遇更好的工作。有一次，他听说底特律一家汽车维修公司在招工，便决定前去试一试。他星期日下午到达底特律，面试的时间是在星期一。

吃过晚饭，他独自坐在旅馆的房间中，想了很多，把自己经历过的事情都在脑海中回忆了一遍。突然间，他感到一种莫名的烦恼：自己并不是一个智商低下的人，为什么至今依然一无所成，毫无出息呢？

他取出纸笔，写下了4位自己认识多年、薪水比自己高、工作比自己好的朋友的名字。其中两位曾是他的邻居，现在已经搬到高级住宅区去了，另外两位是他以前的老板。他扪心自问：与这4个人相比，除了工作以外，自己还有什么地方不如他们呢？是聪明才智吗？凭良心说，他们实在不比自己高明多少。经过很长时间的反思，他终于悟出了问题的症结——自己性格情绪的缺陷。在这一方面，他不得不承认比他们差了一大截。

虽然已是深夜3点钟了，但他的头脑却出奇的清醒。觉得自己第一次看清了自己，发现了自己过去很多时候不能控制自己的情绪的缺陷，例如爱冲动、自卑，不能平等地与人交往等。

整个晚上，他都坐在那儿自我检讨。他发现自从懂事以来，自己就是一个极不自信、妄自菲薄、不思进取、得过且过的人；他总是认为自己无法成功，也从不认为能够改变自己的性格缺陷。

于是，他痛下决心，自此而后，决不再有不如别人的想法，决不再自贬身价，一定要完善自己的情绪和性格，弥补自己在这方面的不足。

第二天早晨，他满怀自信地前去面试，顺利地被录用了。在他看来，之所以能得到那份工作，与前一晚的感悟以及重新树立起的这份自信不无关系。

在走马上任的两年内，凯斯特逐渐建立起了好名声，人人都认为他是一个乐观、机智、主动、热情的人。在后来的经济不景气中，每个人的情绪因素都

受到了考验。而此时，凯斯特已是同行业中少数可以做到生意的人之一了。公司进行重组时，分给了凯斯特可观的股份，并且加了薪水。

美国自然科学家、作家杜利奥提出："没有什么比失去热忱更使人觉得垂垂老矣。"心理学家曾指出：乐观能使人们处于放松、自信的状态，能使人们看到积极、阳光的一面，也能发现新的一面，而不是自暴自弃或怨天尤人。

总之，积极的心态，能够激发我们自身的所有聪明才智；而消极的心态，就像蛛网缠住昆虫的翅膀、脚足一样，束缚人们才华的发挥。如果你抱着积极的心态，从现在开始努力，那么，一切都还来得及。

从现在开始，为以后的幸福生活做打算

在我们生活的周围，有这样一些年轻人，他们总是慨叹：其实我并不喜欢现在的生活，我更想……的确，任何人都希望实现自己的理想，希望过上幸福的生活，但空有理想和计划而不去实践的话，只能是空想。如果你问他们为什么，他们还会摇摇头说：不行啊，无奈啊，没办法啊……真的有那么无奈吗？既然无力改变又何必总是埋怨？ 如果埋怨、不满，又为何不去努力改变？

如果你留心一下周围那些生活得幸福和愉快得年轻人就会发现，他们现如今的快乐是来源于曾经的努力，当然，这并不是说他们有很多钱，也不是因为他们有更好的房子、工作，他们只不过是能够真正地为实现梦想而努力，怀着最真诚的心去追求自己想要的东西。

八十岁才开始作画的摩西奶奶最终用她积极向上的心态和质朴的画风打动了人们，在摩西奶奶成名之后，她成为了很多年轻人学习的对象，不少处于困惑中的年轻人从她身上开始反思自己，摩西奶奶每天都会收到来自世界各地的信，向她诉说：

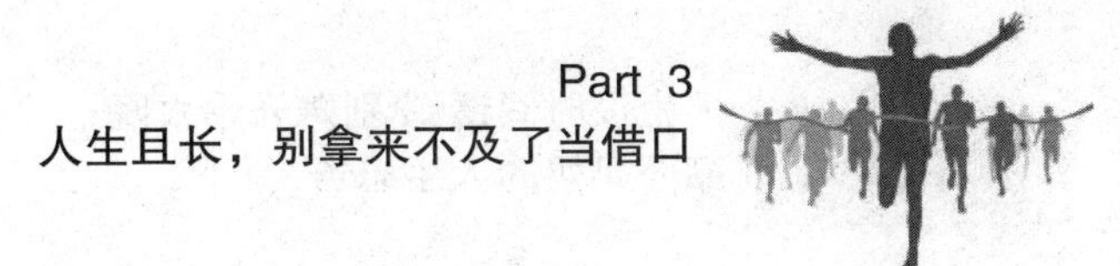

“我想报钢琴学习班，可是那些钢琴学校都是一些孩子，可是我已经三十好几，会不会很丢脸？”

“我想学习法语，可是我是个结巴，我能行吗？”

对此，摩西奶奶的回答是：“去尝试，去选择，去努力吧！”

摩西奶奶的话告诉我们，人生漫长，年轻是一种心态，年轻的容颜和健康的体魄只不过是它的皮囊而已，真正决定它内在的则是那份不怕失去、敢于重来的勇气。

所以，年轻人，如果你希望在未来过上幸福的生活，从现在开始，你就要早做打算，开始努力。并且，再也不要被那些消极的思维左右自己，不要认为自己年纪大，不要认为自己愚笨，成为一个积极向上的人，培养自己的热忱，找到自己的目标，我们就能为现在的自己做一个准确的定位。现在一家外企做人力资源主管的乔治的一次经历，或许可以给我们一些启示：

我刚应聘到这家公司供职时，曾接受过一次别开生面的强化训练。

那是在美丽的青岛海滨度假村，我和同伴们沉浸在飘忽而又幽婉的轻音乐声里，指导老师发给每人一张16开的白纸和一支圆珠笔。这时，主训师已在书写板上画了一个大大的心形图案，并在图案里面写上了三个字：我无法……

然后，要求每个成员在自己画好的心形图案里至少写出三句“我无法做到的……，我无法实现的……，我无法完成的……”，再反复大声地读给自己、读给周围的伙伴们听。

我很快写出三条：

我无法孝敬年迈的父母！

我无法实现梦寐以求的人生理想！

我无法兑现诸多美好愿望！

接着，我就大声地读了起来，越读越无奈，越读越悲哀，越读越迷茫……在已变得有些苍凉的音乐里，我竟备感压抑和委屈，泪眼模糊起来。

就在这时，主训师却把写字板上的“我无法”改成了“我不要”，并要求每位成员把自己原来所有的“我无法”三个字划掉，全改成“我不要”，继续读。

于是，我又接着反复地读下去：

我不要孝敬年迈的父母！

我不要实现梦寐以求的人生理想！

我不要兑现诸多美好的愿望！

结果，越读越别扭，越读越不对劲儿，越读越感到自责和警醒……

在轰然响起的《命运交响曲》里，我终于觉悟到：我原来所谓的许多“我无法……”其实是自己“不要”啊！

而此时，主训师又把“我不要”改成了“我一定要”，同样要求每位成员把各自的所有“我不要”三个字划掉，全改成“我一定要”，继续读。

我一定要孝敬年迈的父母！

我一定要实现梦寐以求的人生理想！

我一定要兑现诸多美好愿望！

越读越起劲儿，越读越振奋，越读越有一种顿悟后的紧迫感……在悠然响起的激荡人心的歌曲里，我豪情满怀，忽然有一种天高路远跃跃欲试的感觉和欲望。

人生境遇中，难免有令我们灰心的部分，偶尔的消沉是可以理解的，毕竟人都有情绪，但如果长久地沉浸在消极情绪中，那么，你的精神状态乃至你的人生前景就很有可能会因此而受到影响。

其实，即便你已经不再年轻，你依然需要年少时的那份无畏和不羁，就要有勇往直前的勇气和尽早努力的态度，要知道，人生是一个不断积累的过程，要想获得幸福，要想成为你想成为的人，现在就要开始努力，树立一个切实可行的奋斗目标，然后勇敢地去执行，相信你能和摩西奶奶一样收获丰富多彩的人生。

只要有梦想，何时都不晚

从小到大，每个人都会有许多梦想。有人说，“年少时，梦想往往很远大；成年后，梦想常常会缩小。步入盛年，我们的梦想或许越来越少；但是，我们的梦想不再不切实际，而是可以通过努力去实现的。”但实际上，一个人只要心中有梦，年纪并不能阻止我们追梦。年逾古稀的摩西奶奶在绘画界有如此成就，不就是最好的证明吗？

摩西奶奶曾说：“只要你想做，永远都不晚。”其实，她这一句名言对于很多年轻人来说，实施起来并不是那么简单。

我们发现，不少年轻人总是对生活充满了抱怨，他们会说：其实我并不喜欢现在的生活，我有自己的梦想……他们有很多你所谓的梦想，有很多规划，但没有一件可以实践，问他为什么不去执行，他的理由有很多，诸如年纪大、不行啊，生活压力大……果真如此吗？如果真是如此为何又充满抱怨，为何不寻找方法改变呢？

当你对工作、对生活有了最初的梦想，你是否能够大胆地去实践？还是仅仅把它作为一个遥不可及的梦想，最后只能默默地埋藏在心底，到老才感到莫大的遗憾？

其实，梦想有时只是个痛快的决定，只要想做，并坚信自己能成功，那么你就能做成。这正是行动的作用。世界著名博士贝尔曾经说过这么一段至理名言：“想着成功，看看成功，心中便有一股力量催促你迈向期望的目标，当水到渠成的时候，你就可以支配环境了”。

汉斯从哈佛大学毕业后，进入一家企业做财务工作，尽管赚钱很多，但汉斯很少有成就感，沮丧的情绪经常笼罩着他。汉斯其实不喜欢枯燥、单调、乏味的财务工作，他真正的兴趣在于投资，做投资基金的经理人。

在一次旅途的飞机上，汉斯与邻座的一位先生攀谈起来，由于邻座的先生手中正拿着一本有关投资基金方面的书，双方很自然地就转入了有关投资的话题。汉斯觉得特别开心，总算可以痛快地谈论自己感兴趣的投资，因此就把自己的观念，以及现在的职业与理想都告诉了这位先生。这位先生静静地听着汉斯滔滔不绝的谈话，时间过得很快，飞机很快到达了目的地。临分手的时候，这位先生给了汉斯一张名片，并告诉汉斯，他欢迎汉斯随时给他打电话。

回到家里，汉斯整理物品的时候，发现了那张名片，仔细一看，汉斯大吃一惊，飞机上邻座的先生居然是著名的投资基金管理人！自己居然与著名的投资基金管理人谈了两个小时的话，并留下了良好的印象。汉斯毫不犹豫，马上提上行李，飞到纽约。一年之后，汉斯成为一名投资基金的新秀。

这个故事中，汉斯人生的改变来自于他和这位基金管理人的结识，但如果他没有下定决心再次找到这位投资人，想必他还有可能在做着单调的财务工作，更不可能实现自己的梦想。

可见，勇敢地尝试新事物，可以帮助我们发现新的机会，使你迈进从未进入的领域。生命原本是充满机会的，千万别因放弃尝试而错过机会。

事实证明，如果能够跨越传统思维的障碍，掌握变通的艺术，就能应对各种变化，在变化中寻找到新机会。在我们的生命中，有时候必须做出困难的决定，开始一个全新的过程。只要我们愿意放下旧的包袱，愿意学习新的技能，我们就能发挥自己的潜能，创造新的未来。我们需要的是自我改革的勇气与再生的决心。

在第一次世界大战期间，法国有个很著名的上校叫泰勒，当时，他任第六师师长，他的处事方式很令人钦佩。

有一次，他的儿子向他告别时，他告诫儿子说："孩子，记住：你的姓是泰勒，泰勒这个姓代表着做事能力。你永远不可以靠边站，让出路给其他敢于冒险的人走。你要冒险向前使他们让出路来给你走。"

接着，他继续说道："大街上行人拥挤，交通阻塞。但呼啸的消防车飞驰而过时，大家都自动地让出路来。当然你偶尔也会感到沮丧、软弱，但这正是你需要鼓起战斗勇气的时刻。只要你迈步向前，沮丧、软弱都会躲开你。”

一个人不愿改变自己，往往是不舍得放弃目前的安逸现状。而当你发觉不改变不行的时候，你已经失去了很多宝贵的机会。任何成功都源于改变自己，你只有不断地剥落自己身上守旧的缺点，才能做到敢为人先，才能抓住第一个机会，才能实现自己的进步、完善、成长和成熟。

另外，在你进行尝试时，难免会产生一种“不可能”的念头，对此，你必须要从心理上超越它，只有这样，你才能站在高高的位置上，低头俯视你的问题。

可见，现代社会，没有超人的胆识，就没有超凡的成就。不敢冒险就是最大的冒险。勇于尝试就有做第一个成功者的机会。胆量是使人从优秀到卓越的最关键的一步。你需要勇气，需要胆量，你不是弱者，机会是给敢于迎接的人的!

总之，梦想具有无穷的力量。梦想也会给我们带来快乐，只要你追随自己的天赋和内心，你就会发现，你的生命被赋予了更高的意义，你也不再消磨光阴，而是让时间闪闪发光，奋斗也就是快乐的事。因此，年轻人，为梦想努力吧，假如你是学生，如果为分数而努力学习，你就会得到分数，但如果为充实自己、为求知读书，除了得到分数外，你会获得知识和成长；为了挣钱而做生意，你的努力会帮你实现财富梦；为了事业而做生意，除了财富外，你获得的还有为之打拼的快乐；为每月定时发放的薪水而工作，你可能得到较少的薪水；如果你为提高公司业绩而工作，你不仅会得到较多的薪水，还会获得满足和同事的敬重，你对公司的贡献将会大得多，你的报酬也会大得多。

Part 4

尝试一步，走下去才知道它有多美

》》》》》》》》

《纽约时报》曾这样评论摩西奶奶："在她生命的最后几年，她仍然在坚持观察她身边的一切事物，她每天都在坚持画一点画，几乎没有中断。"摩西奶奶身上展现的是一个老人的勇敢和坚持，正是这一份热情，让她在绘画事业上取得了如此骄人的成就，也正是这种魅力，打动并指引了很多年轻人前进。一个人的心态决定了他的生命高度，一个心态年轻的人，会产生源源不断的动力。年轻人充满朝气，对未来有无限的憧憬，但如果你希望实现人生理想，就必须要有一颗永不衰老的心，有些路，一定要勇敢迈步，因为走下去，你才知道它会有多美。

》》》》》》》》

保持开朗的心境向前看，不懈怠

每个人在这个世界上，都有自己的梦想，在追逐梦想的过程中，难免会遇到一些阻挠，我们时常鼓励自己或朋友“咬咬牙，坚持一定成功”。人的意志力真有如此神奇的效果吗？

曾经，美国斯坦福大学的心理学家给出了答案，经过研究，他们发现，面对难度较大的任务时，那些意志力坚强的人往往更有耐力和坚韧的心，完成任务的质量更高。

同样，那些正在为梦想奋斗的年轻人，也要相信自己，如果不相信自己的意志力，在遭遇困难时，就会很容易感到疲劳，产生厌倦情绪。相反，意志力顽强的人则更有自信，认为自己的能量不会耗竭，这种信念会使他们的精力更旺盛，从而带来成功。

大器晚成的摩西奶奶之所以能在晚年名声大噪，就是因为她身上有着锲而不舍的精神。

摩西奶奶从来都不认为自己在绘画上有着与众不同的潜能和天赋，相反，她将自己的刺绣作品说成是“最糟糕的刺绣画”。而对于她的绘画作品，当她被通知要将作品送到剑桥乡间参展时，她竟然还带了果酱和水果罐头一起去。

当然，生活在乡下的那些人是不认识摩西奶奶的。并且，她的画作中的乡村风景是大家每天都能看到的：麦田、马车、草屋还有远处的山峰，所以大家并不觉得有什么与众不同，可摩西奶奶并未因此而放弃。在她眼里，绘画是爱好，是让她觉得快乐的方式。她曾开玩笑地说，让她得奖的是果酱和水果罐头，正是因为抱着这样淡然、平凡的心态，摩西奶奶终究将绘画坚持了下来。

在1938年的复活节，摩西奶奶这颗隐藏在乡间的艺术明珠被美国的纽约收藏家路易斯·卡尔多发现了。

从摩西奶奶的故事中，年轻人应当有所启示，对于你喜欢的事情，请坚持；对于你有信心的事，请坚持。一夜成名几乎是所有人的梦，但是真正赢得人生的人是赢在坚持。

当然，要想拥有坚强的意志力，首先就要有开朗的心境，乐观就像心灵的一片沃土，为人类所有的美德提供丰富的养分，使它们健康地成长。

因此，新时代的年轻人，你们应该学会接受人生的磨难和挑战，当我们囿于这种“不如意”之中，终日惴惴不安，那生活就会索然无味。与之相反，如果你能拥有一颗感恩的心，善于发现事物的美好，感受平凡中的美丽，那就会以坦荡的心境，豁达的胸怀来应对生活中的每一份酸甜苦辣，让原本平淡乏味的生活焕发出迷人的色彩，那么，你会发现，磨难与逆境也不过是飘来的“浮云”。

有一位虔诚的作家，在被人问到该如何抵抗诱惑时回答说：“首先，要有乐观的态度；其次，要有乐观的态度；最后，还是要有乐观的态度。”

生活中有快乐也有烦恼，就好像上山后必然要下山一样，每一天人们在拥有快乐的同时还会面对困难。对困难持什么样的态度，决定着一个人的成功与失败。成功和失败就像是姐妹一样，经常会交替着出现。

曾有学者研究事业成功的人，看看他们成功的原因何在。结果发现这些成功者有些共通特质：他们对自己深具信心，对未来抱持乐观态度，而且具有极佳的挫折忍受力。

在《福布斯》杂志2000年度公布的中国内地50位拥有巨额财产的企业家名单中，年轻的阎俊杰、张璨夫妇因拥有1.2亿美元的财富而名列第23位。另据《粤港信息日报》报道，张璨名列由有关部门策划并组织的“当今中国最具影响力的十大富豪”之一，是十大富豪中惟一的也是最年轻的女性，在这份资料

中，张璨的个人资产超过了25亿元。

张璨是北大金融系的学生，可在她读大三的时候，却被注销学籍，勒令退学。原因是有人举报，3年前她第一次高考时曾考上东北某大学没有就读，她第2年又考上北大。按当时规定，有学不上的考生必须停考一年。退学事件对张璨造成巨大打击。她只有到处打工。后来，张璨和丈夫正式下海，开始创业的时候，几乎是一穷二白。那时候他们自己组装电脑，经常熬到下半夜两三点。张璨和丈夫挣到的第一笔大钱，是从沈阳一家废品仓库里挣的。1987年初，他们赚了5万元，这在当时可是一笔了不起的大钱。依靠这点积蓄，他们开始和别人一起办公司。1988年，由于和公司董事会之间出现矛盾，张璨和丈夫一起退出了公司，开始了第二次白手起家。这期间他们做了很多的尝试。1992年，张璨和丈夫重新回到电脑行业，注册了现在的达因公司。张璨夫妇拉起达因公司不久，就从一个基金会借到300万元人民币。由于张璨的聪明、机敏而又踏实苦干的风格，她的公司后来被美国康柏公司看上，成了康柏在中国市场的总代理。

在张璨的毕业纪念册上，同学给她的赠言便是这样一句意味深长的话：与众不同的经历，造就与众不同的道路。一个成功的人，必当是在挫折与逆境中摸爬滚打过来的，人生在世，难免会遇到许多挫折。

青春易逝，年轻是短暂的，我们走过漫漫的一生，有时候会突然发现自己的生活如此不公。也正是由于这些逆境与不公，才使我们的生活变得更加精彩，我们才能获得成功。挫折能将生活、家庭乃至世界变得更加精彩。如果你未经历一次挫折就直接获得了成功，那么，你就不会去努力创新，等待你的将是两个极端——光辉的一生或一辈子的失败。而如果经过挫折才会成功，你将会拥有最高的荣耀，你不会因为没有创新而被淘汰，也不会因失败而黑暗一辈子。从这个角度讲，适度的厄运具有一定的积极意义，它可以帮助我们驱走惰性，促使人奋进；厄运又是一种考验和挑战，我们的生活可以在厄运中变得精彩，我们的性格也在厄运中变得成熟。

总之，越是遇到挫折，越要保持积极的心态。一切想法都来自心态，一切结果都取决于你有什么样的想法。你的想法不同，结果肯定会不同。生活中的年轻人，你们都知道，刚毅的精神来自于乐观的心态，而这往往也是成功的关键，一个无坚不摧的人是无所畏惧的，但你是否具备这一品质呢?

稍作等待，赢到最后的才是真正的赢家

生活中，可能我们有这样的体会：我们去等人，对其望眼欲穿，可对方偏偏不见踪影，正当我们准备离开的时候，他却姗姗来迟；当股市低迷，大家都全身而退的时候，你抱着试试看的心理，就在最后一刻，却出现了转机；当你就要放弃手头的这道难题时，却灵光闪现，顿时豁然开朗，一举攻破这道难题……这些最后一刻出现的惊喜和成功，往往让人倍加高兴，你更庆幸的是，你没有放弃，而是静下心来等待，其实，人际较量何尝不是如此呢？很多事，不要过早下结论，也不要人云亦云，尤其是当别人灰心丧意的时候，你如果坚持了自己的看法，等待转机，奇迹是可能会出现的。

对于很多年轻人来说，摩西奶奶是他们人生的榜样，这不仅是因为摩西奶奶在绘画上的造诣，更是因为她身上有着年轻人所渴望拥有的坚持不懈的精神。她告诫年轻人，无论你有什么样的目标，都无需完美，但一定要坚持，如果你能坚持到最后，你就是赢家。

然而，不难发现，我们生活的周围，有一些年轻人，他们做事急躁、三分钟热度，对于这些人，他们必须培养自己的意志力，要懂得思考，要用睿智的大脑去判断，事情都有多面性。你要从危机中看到转机，不妨多等一等，俗语说“功到自然成”，时机未到，成功是不会和你招手的，“坚持就是胜利”的道理恐怕每个人都懂，但真正能做到的人并不多，这需要安静等待的耐心和自

我控制力，要知道，真正的赢家往往是那些笑到最后的人！

在商界流传着这样一个故事：

有三个日本人，代表日本某家航空公司的采购代表来到美国，准备和美国一家飞机制造公司谈判，希望能以合理的价格买进一批材料。

当然，美方也不示弱，他们为了能赢得利益，挑选了一批谈判精英来参加这次谈判。美方的聪明之处在于，谈判开始后，他们并不是采取常规交涉的方法，而是用产品说话，采取了一系列的产品攻势。

谈判室是美方提供的，为此，他们似乎更具有优势，他们在谈判室里挂满了许多产品图像，还印刷了许多宣传资料和图片。用了两个半小时，三台幻灯放映机，放映了好莱坞式的公司介绍。他们很聪明，按照常规意义来说，这样做，一是要加强自己的谈判实力，二是想向三位日本代表作一次精妙绝伦的产品简报。可是，奇怪的是，在整个放映过程中，日方代表静静地坐在里面，全神贯注地观看。

一番介绍加上放映后，美方高级主管得意地站起来，转身向三位显得有些迟钝和麻木的日方代表说："请问，你们的看法如何？"

不料一位日方代表说："我们还不懂。"这句话大大伤害了美方代表，他的笑容随即消失了，一股莫名之火似乎正往上顶。他又问："你们说不懂，这是什么意思？哪一点你们还不懂？"另一位日方代表彬彬有礼、微笑着回答："我们全部没弄懂。"美国的高级主管又压了压火气，再问对方："从什么时候开始你们不懂？"第三位代表严肃认真地回答："从关掉电灯，开始幻灯简报的时候起，我们就不懂了。"这时，美国公司的主管感到严重的挫败感。

为了商业利益，美方主管又重放了一次幻灯片，而且明显放满了速度，但日方代表还是一直摇头。美国的高级主管一下子泄气了，显得心灰意冷、无可奈何。他对日方代表说："那么，那么……那么你们希望我们做些什么呢？既然我们所做的一切你们都不懂。"这时，一位日方代表慢条斯理地将他们的条件说了出来，他说得如此慢，以致使美国高级主管像回答询问似的，毫无斗志地斜坐在那里，稀里糊涂地应答着，他的思维已经紊乱了，信念被摧毁了，根本未作什么有效反应。

结果，日本航空公司大获全胜，成果之大，连他们也感到意外。

这三名日本代表是聪明的，他们利用的就是美方不能坚持到底的这种心态，然后做了一点小小的“手脚”，让交涉对方自乱方阵，当得意的美方代表产生挫败感、显得心灰意冷的时候，他们的目的也就达到了，此时，他们提出自己的条件，对方已经毫无招架之力。日方代表在这样一个强势的美方制造商面前，并没有认输，而是耐心地等待，最终看到了曙光并取得了胜利。而从美方代表看，他们因为没有耐心，因而输了这场谈判。

从这个故事中，我们可以看出，当我们辛辛苦苦为某件事奋斗后，如果中途退出，那么将前功尽弃，美方代表犯的就是这个错误。相反，明知不可为而为之、静静地等待，事情可能还会有转机。

总之，年轻人，你要明白，胜败的因素在于一个人的智慧，我们做事绝不可鲁莽，要静待时机，任何事不到最后一刻都不可盖棺定论，要知道，成功总是“犹抱琵琶半遮面”、姗姗来迟的，而你们要做的就是努力加坚持！

要始终相信美好的事情总会发生

生活中，我们常常祝福别人万事如意，但万事如意只是一种美好的祈愿，我们都希望美好的事情发生在自己的身上，但没有完美的人生，甚至很多时候，我们会被命运捉弄，它会毫无来由地给我们带来可怕的灾难。此时，如果人们无法承受，它就会占据人们的心灵，让人们失去欢乐，永远生活在它的阴影里。然而，无论如何，我们都要相信，美好的事情始终都会发生。

不少年轻人都了解，摩西奶奶的一生是平淡却又传奇的，平淡的是她大半

生的时间都是在农场度过的，传奇的是一个年过七旬的老人竟然还有勇气拿起画笔，将自己朴实而平淡的乡村生活描绘出来。其实，摩西奶奶让我们更敬佩的是她恬适和温暖、善良的内心，她并不认为自己是个成功的画家，而说自己是孩子们眼中唠叨的老人，她还告诉自己的子女和所有年轻的朋友："要始终相信美好的事会发生，有些事也并不是我们想象得那么糟糕。"

每个年轻的朋友都应该记住摩西奶奶的话，要知道，尘世之间，变数太多。我们唯一能掌控的，就是自己的心境，当厄运或不公正的待遇降临到人们头上时，如果无法改变它，就要学会接受它、适应它，并且，始终要相信，接下来发生的一定是美好的事。

我们再来看下面一个故事：

有一天，在某个公交站牌处，一个小女孩和妈妈起了争执。

小女孩有点生气地对妈妈说："我就要去海边玩，为什么你不让我去！"

妈妈劝她："不是早说过了吗，今天出太阳了咱就去，但今天没有出太阳啊，而且天气预报说还可能要下雨呢，还是改天再去吧。"

"妈妈骗我，今天出太阳了……"

妈妈笑了起来，问道："哪里有啊，不要骗人，你说说，太阳到底在哪儿。"

小女孩抬起头来，东看看西瞧瞧，然后指着天空喊："那不是在那儿嘛。"

"没有啊，那只是乌云而已呀。"

"对呀！"没想到，小女孩一副非常认真的样子，"太阳就躲在乌云的后面呢，等一会儿乌云一走开，不就出来了吗？"

听到小女孩的话，所有等车的人都笑了。

对于积极的人来说，太阳每天都在天空中，虽然有的时候我们看不见它，那是因为它正躲在乌云的后面，而乌云总有散开的时候，就如人生总有诸多的幸福会接踵而来一样。

年轻的朋友们，乌云密布的时候，你是怎样看待的呢？如果你也能看到乌云背后的太阳，那么，你就是个心态积极的人。

曾经有一对孪生兄弟，哥哥叫伊恩，弟弟叫杰森，兄弟二人帅气十足，但命运是不公的，他们遭遇了一场火灾事故，所幸消防员从废墟里找出了他们兄弟俩，他们是那场火灾中仅生存下来的两个人。

兄弟俩被送往当地的一家医院，虽然两人死里逃生，但大火已把他俩烧得面目全非。“多么帅的小伙子。”认识他们的人为兄弟俩惋惜。杰森整天对着医生唉声叹气，觉得自己成了这个样子，以后如何见人，如何在这个世界上生活？杰森无法接受眼前的现实，对生活失去了信心，无法活下去的念头从他的思想走进了他的潜意识，他总是自暴自弃地重复着一句话：“与其这样还不如死了算了。”伊恩努力地劝说杰森：“这次大火只有我们得救了，这说明我们的生命尤为珍贵，我们的生活最有意义。”

兄弟俩出院后，杰森还是无法面对现实，忍受不了别人的讥讽，偷偷地服了50片安眠药，离开了人世。伊恩却艰难地生存了下来，无论遇到多大的冷嘲热讽，他都咬紧牙关挺了过来，他一次次地暗示提醒自己：“我生命的价值比谁都高贵。”后来，他当了一名货车司机。

一天，伊恩仍像往常一样送一车棉絮去加利福尼亚州。天空下着雨，路很滑，他把车开得很慢。此时，伊恩发现不远处的一座桥上站着一个人。伊恩紧急刹车，汽车滑进了路边的一条小水沟里。他还没有靠近那个年轻人的时候，年轻人已经跳进了河里。年轻人被他救起后还连续跳了三次，最后一次伊恩自己差点被大水吞没。

后来伊恩才知道，他救的是位亿万富翁。亿万富翁感激伊恩给了他第二次生命，并和伊恩一起干起了事业。伊恩从一个积蓄不足10万元的司机，凭着自己的诚信经营，发展成了一个拥有3.2亿元资产的运输公司的董事长。几年后医术发达了，伊恩用挣来的钱整好了自己的面容。

一对孪生兄弟，为什么命运如此不同？因为他们的心态不同，面对毁容，弟弟杰森无法接受，选择自杀结束了自己的生命，而伊恩却始终告诫自己，自己的生命价值比谁都高贵，他努力活了下来，后来，他用同样的信念救了另外一个轻生的人，从而改变了自己的命运。

然而，现实生活中，总有人一味沉溺在已经发生的事情中，不停地抱怨，不断地自责。这样一来，将自己的心境弄得越来越糟。这种对已经发生的无可弥补的事情不断抱怨和后悔的人，注定会生活在迷离混沌的状态中，看不见前面一片明朗的人生。之所以这样，是因为经历的磨炼太少。正如俗语说的那样：天不晴是因为雨没下透，下透了，也就晴了。

著名潜能开发大师迪翁常常用一句话来激励人们进行积极思考："任何一个苦难与问题的背后，都有一个更大的幸福！"这是他的招牌话，她有个可爱的女儿，但一场意外，让这个可爱的小女孩失去了小腿，当迪翁从韩国的演讲赛上赶到医院时，他第一次发现自己的口才不见了。可是女儿却察觉父亲的痛苦，就笑着告诉他："爸爸！你不是常说，任何一个苦难与问题的背后，都有一个更大的幸福吗？不要难过呀！这或许就是上帝给我的另一个幸福。"迪翁无奈又激动地说："可是！你的脚……"

小女儿非常懂事地说："爸爸放心，脚不行，我还有手可以用呀！"

听了这样的话，迪翁虽有几分心酸，可也欣慰不已。

两年后，小女孩升入中学了，她再度入选垒球队，成为该队有史以来最厉害的全垒打王！因为她不能走路，就每天勤练打击，强化肌肉。她很清楚，如果不打全垒打，即使是深远的安打，都不见得可以安全上垒。所以唯一的把握，就是将球猛力击出底线之外！

这是一个乐观积极的小女孩，在最艰难的时刻，她留给人们的依然是微笑，因为她相信父亲的那句话"任何一个苦难与问题的背后，都有一个更大的幸福"，于是，灾难变得不再可怕，而她本人也更有能力面对那场艰难的挑战。

总之，放下悲伤，接受现实，才能重新起航。年轻的朋友，不要以为胜利

的光芒离你很遥远，当你揭开悲伤的黑幕，你会发现一轮火红的太阳正冲着你微笑。请用一秒钟忘记烦恼，用一分钟想想阳光，用一小时大声歌唱，然后，用微笑去谱写人生最美的乐章。

生活是否美好，取决于你是否热爱

人生在世，短短数十载，人们穷其一生，都在追求快乐，因为只有快乐才是人生幸福的唯一标准。然而，什么是快乐呢？一般字典上对快乐的定义多半是：觉得满足与幸福。德国哲学家康德则认为："快乐是我们的需求得到了满足"。的确，快乐是一种对生活美好的感受，也就是没有不好或痛苦的事情存在，你觉得个人及周围的世界都挺不错。然而，怎样才能感受到生活的美好、感到快乐呢？我们给出的答案是，生活是否美好，取决于我们是否热爱。

其实，痛苦与快乐相伴相生。快乐与痛苦，是生活中永恒的旋律，谁也不敢保证自己时时刻刻都是幸福和快乐的，我们应看重的不是几何痛苦，几何欢笑，而是心在痛苦和欢笑时的选择。如果你希望获得快乐，就要选择快乐，如果你希望生活美好，就热爱生活吧。

享誉盛名的摩西奶奶之所以能打动很多年轻人，不仅仅是因为其在艺术上的才华，还有她的人格魅力和处世态度，她让很多年轻人明白，无论你的经济状况如何，无论你的工作如何，你都可以获得快乐，只要你热爱生活，你就会觉得生活美好。

摩西奶奶也用行动向年轻人证明了这一点，无论是平淡的农场生活，还是对于绘画这一事业，摩西奶奶都倾注了全部的热情和心血，她热爱自己的丈夫，热爱自己的孩子们，热爱简单朴素的生活，热爱广袤的农场，热爱安静的村庄，这一切都活灵活现地映射到了摩西奶奶的画纸上。

然而，现代社会，不少年轻人感叹自己活得累，没有快乐可言，其实，人生在世，谁都会遇到烦恼，之所以人们的生活状态不同，是因为他们的心态不同，生活的快乐幸福与否，完全取决于个人对人、事、物的看法如何。你的态度决定了你一生的高度。你认为自己贫穷，并且无可救药，那么你的一生将会在穷困潦倒中度过；你认为贫穷的生活状态是可以改变的，你就会变得积极、主动，就会摆脱贫穷，心态决定人生，也就是这个道理。

一个农夫家里有两个水桶，它们一同被吊在井口上。其中一个对另一个说："你看起来似乎闷闷不乐，有什么不愉快的事吗？"

"唉，"另一个回答，"我常在想，这真是一场徒劳，好没意思。常常是这样，刚刚重新装满，随即又空了下来。"

"啊，原来是这样。"第一个水桶说："我倒不觉得如此。我一直这样想：我们空空地来，装得满满地回去！"

在现实生活中也是如此，处于同样的环境之中，有人觉得快乐，有人深感不幸；两个人同时望向窗外：一个人看到星星，另一个人看到污泥。这代表着两个截然不同的态度。

我们不难发现，那些懂得享受快乐、享受人生的人，都是忙碌的、有活力的、性格外向的人，而他们之所以快乐，是因为他们热爱生活。

一日，老张听说妻子的一位同事要来家里做客，便做了满满一桌子菜。席间，这位同事突然忍不住说道："我好羡慕你们，你们家里好温馨，好幸福。"正在给母亲夹菜的老张突然被这一句莫名其妙的话弄糊涂了，在一起吃顿饭就幸福吗？看到老张一家人都惊讶地望着她，她不好意思的说道："一家人围在一起吃饭，问寒问暖，相互说话，这样的生活我真的好羡慕。"

老张妻子开玩笑说道："你们两口子一月的收入是我们的好几倍，你们不幸福吗？"

这位朋友黯然失色道："我希望少挣点钱，一家人天天生活在一起，家里有老、有小、相聚在一起就是幸福。"原来这位朋友夫妇二人都是挣钱的高

手，但天各一方，孩子跟着爷爷奶奶，一家人生活在三个地方，在一起聚会的时间少，分离的时间多。所以特别羡慕老张一家人天天生活在一起的日子。听这位朋友这么一说，老张真的感觉自己很幸福，只是每天忙碌于工作，忘记了去讨论幸福在哪里？

的确，家的平淡与温馨，只要经常置身其中，便会觉得那是我们一直期待着的。或许不会给你带来大富大贵的光荣，却也不会有大跌大落的沉闷，只是平稳如四方八达的平台，只是平静如一望无边的湖海，但是那种宁静与从容，能够让你感受的便是一种平安的幸福感觉。

也许，对于生活是否美好，不同的人有不同的体会，它是一种心理体验，故事中老张妻子的同事因为一家人分离，特别羡慕生活在一起的一家人，经济拮据的人突然得到他人的馈赠一定也能感受到幸福，天天忙碌的人突然休息一天也很惬意……幸福、快乐没有标准，因人因事而异。幸福既简单也复杂，简单的是期望值不高，通过努力是很容易达到的，达到了就是幸福。复杂的是期望值过高永远也达不到或者达到了又会马上产生新的不幸福感，这山望着那山高，很难感受到幸福。

那么，我们怎样才能热爱生活、体验美好呢？

首先，年轻人需要记住的是，只跟自己比，不和别人攀。

从我们懂事以后，可能就会被周围的人耳濡目染，开始对所谓的“成就”、“成功”有了一定的概念，在这种压力下，我们努力学习、努力找工作，并且，这种压力随着年龄的增长越来愈强烈。而一旦自己落后于他人，我们就会变得自卑、伤心，甚至一蹶不振。

所以，要让自己获得快乐，就要重新审视自己，审视自己当初的标准是不是错了？如今有无进展？如果你真的已经尽了力，相信一定会今天比昨天好，明天比今天更好。

其次你要懂得关心周围的人、事、物。

假如你把日光转移到周围的人、事、物上，而不是只看到自己的话，那么，我们的眼界一定会开阔很多。那些以自我为中心的人，之所以永远得不到快乐，就是因为他们永远都不知道满足。

那么你应该关心什么？关心谁呢？张开眼睛想一想，我们虽然平凡，至少可以帮忙学童上下学，为病人念念书，到老人院打打杂，甚至把四周环境打扫干净……只有付出一点点，你就会快乐些。

人生最关键的不是你目前所处的位置，而是迈出下一步的方向

在韩国首尔大学，有这样一句校训："只要开始，永远不晚。人生最关键的不是你目前所处的位置，而是迈出下一步的方向。"这句话的含义是，任何理想不经过实践和行动的证明，都将是空想。只要你心有方向，立即行动，任何理想都有实现的可能。

实际上，年轻人敬仰的摩西奶奶就是天生的行动主义者，无论做什么事，她都能毫不犹豫，她也告诉年轻人要大胆地去选择，去执行！她的人生是始于80岁的，她75岁才开始执笔绘画，并且，她是一个从未受到过正规绘画训练的老太太，大半生生活在农场，但她并不认为自己垂垂老矣，她敢于追逐自己的梦想并大胆去做，她将热情全部投入到绘画之中，当然，摩西奶奶耀眼的成就也证明了她当初的选择是正确的。

从摩西奶奶的故事中，我们每一个年轻人都应该明白一个道理，说一尺不如行一寸，也只有行动才能缩短自己与目标之间的距离，只有行动才能把理想变为现实。成功的人都把少说话、多做事奉为行动的准则，通过脚踏实地的行动，达成内心的愿望。但任何行动，如果没有一个明确的指引方向，都是无意义的。

诚然，我们都渴望成功，都有自己的梦想，但梦想并不是参天大树，而是一颗小种子，需要你去播种，去耕耘；梦想不是一片沃土，而是一片莽荒之地，需要你在上面栽种上绿色。如果你想成为社会的有用之材，就要“闻鸡起舞”，甚至需要“笨鸟先飞”；如果你想著作出精神之作，就需要你呕心沥血……梦想的成功是建立在阶段性的目标基础上的，需要以奋斗为基石，如果你想要实现你心中的那个梦想，就行动起来吧，去为之努力，为之奋斗，这样你的理想才会成为现实。

曾经在非洲的森林里，有四个探险队员来探险，他们拖着一只沉重的箱子，在森林里踉跄地前进着。眼看他们即将完成任务，就在这时，队长突然病倒了，只能永远地待在森林里。在队员们离开他之前，队长把箱子交给了他们，告诉他们说：请他们出森林后，把箱子交给一位朋友，他们会得到比黄金重要的东西。

三名队员答应了请求，扛着箱子上路了，前面的路很泥泞，很难走。他们有很多次想放弃，但为了得到比黄金更重要的东西，便拼命走着。终于有一天，他们走出了无边的绿色，把这只沉重的箱子拿给了队长的朋友，可那位朋友却表示一无所知。结果他们打开箱子一看，里面全是木头，根本没有比黄金贵重的东西，也许那些木头也一文不值。

难道他们真的什么都没有得到吗？不，他们得到了一个比金子贵重的东西——生命。如果没有队长的话鼓励他们，他们就没有了目标，他们就不会去为之奋斗。从这里，我们可以看到目标在我们追求理想的过程中的指引作用！

追求梦想的过程也不是一帆风顺的，无数成功者为着自己的理想和事业，竭尽全力，奋斗不息。孔子周游列国，四处碰壁，乃悟出《春秋》；左氏失明后方写下《左传》；孙膑断足后，终修《孙膑兵法》；司马迁蒙冤入狱，坚持完成了《史记》；伟人们在失败和困顿中，永不屈服，立志奋斗，终于达到成功的彼岸。而当今社会，有很多人却以失败告终，为什么呢？很多人把问题归结于外在，比如，时运不济，天资不够等，持这种观点的人，只看到问题，却看不到解决问题的方法；只看到困难，却看不到自己的力量；只知道哀叹，却不去尝试解决问题。这样的人永远也不可能成功。

为此，为成功奋斗的年轻人，从现在起，你只需树立一个正确的理念，并调动你所有的潜能并加以运用，便能带你脱离平庸的人群，步入精英的行列之中！你可以记住以下几点：

1.关注未来，不要满足于现状

独具慧眼的人，往往具备人们所说的野心，是不会被眼前的蝇头小利而放弃追求梦想的愿望，他们一般是用极有远见的目光关注未来。

2.为自己拟定各种阶段的目标与规划

长期目标（5年、10年或15年）：长期目标会指引你前进的方向，因此，这个目标能否设定好，将决定你很长一段时间是否在做有用功。当然，长期目标还要求我们不可拘泥于小节。

中期目标（1~5年）：也许你希望自己能拥有房子、车子等，这些就属于中期目标。

短期目标（1~12个月）：这个目标就好比是一场淘汰制的比赛中，歌唱预赛中的胜出，他能鼓舞你不断努力、不断前进。这些目标提示你，成功和回报就在前方，鼓足干劲，努力争取。

即期目标（1~30天）：一般来说，这是最好的目标。它是你每天、每周都要确定的目标。每天当你睁开眼醒来时，你就需要告诉自己：今天相对于自己，我要达到什么样的突破，而当你有所进步时，它能不断地给你带来幸福感和成就感。

3.不要把梦停留在“想”上

梦想可以燃起一个人的所有激情和全部潜能，载他抵达辉煌的彼岸。但有了梦想，不要把“梦”停留在“想”上，一定要付诸行动，制定目标，这才可以带给你真正需要的方向感。

Part 5

追随内心，看清想要的人生

›››››››››

摩西奶奶曾说：“做你想做的事吧，如果你一生都热爱你所做的一件事情，那么你便已经成功了，你的人生有一份自己的答卷。”摩西奶奶这句话，是要告诉生活中的年轻人，从现在开始就要找准自己的方向，找到自己的优势，追随自己的内心，只有这样，你才能朝着既定的目标奋斗，才能真正获得自己想要的人生。

›››››››››

人生的不同阶段，有不同的任务

我们都知道，人生是短暂，也是宝贵的，我们若希望自己的人生精彩，就要充分利用自己短暂的一生，让自己不虚此行，走心中向往的那条路。然而，这并不意味着我们应该为了梦想而放弃所有，事实上，人生在不同的阶段，都有不同的任务，做好每个阶段该做的事，本身就是随心之举。

如果你是父母，好好教育你的孩子，珍惜时间，安排他的早年生活；如果你是年青人，则要尽早做人生计划，因为在人生的不同阶段我们需要做不同的事情，遵循自然规律，才能事半功倍。

也许你会说，摩西奶奶也是在年逾古稀后才开始学绘画的，也是在八十岁才开始在绘画上大放光彩的。

诚然，摩西奶奶晚年成名，不过摩西奶奶却拥有幸福的家庭、孕育了子女，体验到了各种生活的艰辛，这是我们年轻人最该学习的经验。

摩西奶奶的大半生时间从未离开过农场。

在摩西奶奶27岁那年，她嫁给了托马斯——一个农场的工人，并生育了10个孩子，她并不是天生就会作画的，事实上，在她拿画笔之前，她每天的工作都是擦地板、挤牛奶、装蔬菜罐头等琐事，她还需要养育10个孩子，直到75岁因关节炎不得不放弃刺绣，开始绘画。

后来，她的女儿将她的画拿到了镇上的杂货铺里，并展览出来。有一天，艺术收藏家路易斯经过这个小镇，看到了摩西奶奶陈列在杂货铺中的画作，他买下了这幅画还想要更多。他看到了摩西身上的潜能，他想将摩西的

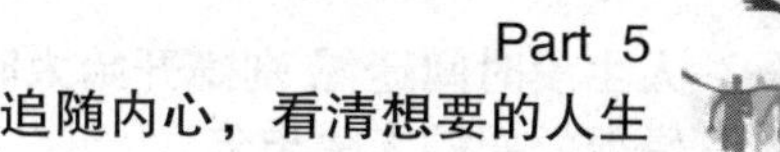

作品带到纽约的画展，后来，他果真这样做了，摩西奶奶的画引起了画坛很多人的注意，其中也有那些竞相前来购买的画商，画商将摩西介绍到艺术界。

事实上，我们都能明白，摩西奶奶的成功绝不是偶然的，没有大半生的农场生活，没有对最底层生活的体验，没有饱览蓝天白云的美丽，没有对大自然色彩的感悟，是决不能画出那些清新明丽、质朴平实的画作的。

任何一个年轻人，都要从摩西奶奶的人生经历中获得一些启示，要明白，人一生所追逐的事并不是只有自己的梦想，还有生活，一个人的一生在不同的阶段，应该完成不同的人生任务，享受相应的人生乐趣。既不要跨越，也不要耽误。具体来说，我们可以总结出几点：

在童年时候，需要的是启蒙教育，要着重培养乐观的性格和良好的生活习惯，享受童年欢快的时光和温暖的家庭生活，保证儿童的心身健康。

在青少年的时候，记忆力特别好，接受新事物特别快，这个时期是学习的大好时光，培养好的学习习惯，培养健康和广泛的爱好，快速接受各种文化和科学知识，同时在有可能的情况下，多参加各种社会活动，多去旅游，见一见多彩的世界，只要喜欢读书，有条件读书，父母就要支持孩子一直依照自己的兴趣读下去，最好要读完大学，可能时读研究生、博士。

如果这个阶段你缺失了或者虚度了，那么你以后想要补，就会耽误下一个时段的任务，就会影响你这个时段的幸福。

到了20多岁至30岁，年轻人便要走出校门，奔向社会，参加工作，这个时候便要适应工作环境和社会环境，同时开始谈恋爱、结婚组建家庭，在这个年纪，对爱情有一种幻想和追求，不太看重物质条件而更重视感情和共同爱好。

到了成年时代，即30岁至40岁，有了家庭，有了孩子，更多的是要负担家庭的责任和父母的责任。珍惜和过好家庭生活，并开始培养孩子，这个时候也是年富力强的时候，也要开始积累个人的财富。有的人也选择在这个时候开始创业，因为30岁前一般来说社会阅历不够，难以成功，40岁之后精力和创业动

力开始不足。

到了40至50多岁，则主要是供孩子读书，积累财产，开始为退休生活做准备。

这本来是一条人生的路，但由于社会的变化，人的观念也跟着变化，开始产生了各种社会问题，比如有的孩子贪玩，家教不严，整天迷恋电脑游戏，到了参加工作的时候，才认识到自己知识的贫乏，找不到好工作，才开始补课学习，这个时候记忆力已经开始下降，加上工作压力和家庭压力，哪里能集中精神学习，十补九不足，事倍功半。

又比如有的青年由于追求事业，或者喜欢单身自由的生活，到了35岁或40岁才考虑谈恋爱，结婚生孩子，这个时候，已经过了谈恋爱和结婚的年龄，属于大龄青年。没有激情，性格也开始变得古怪，选择对象更多的是考虑现实条件，考虑物质生活，好像只是为了完成任务。被动式的婚姻往往都不是很完满。

我在这里要说的是，在人生中的每一个年龄段，总是要完成一生之中1~2件重要的事情，这是自然规律，是人类经过漫长的年代的演变自然形成，不以个人的意志为转移的客观规律，遵从这个规律，人才能过着健康而快乐的生活，否则的话生活将会混乱不堪，日子将会过得很累。上帝对每个人都是公平的，给每个人的机会也是均等的，你要按照上帝的旨意，也就是自然规律去工作，去生活。

所以，年轻的朋友们，现阶段你的主要任务是积累人生经验，为人生未来的发展打下坚实的基础，为人生的幸福寻找源头活水。

在不断尝试和摸索中找到适合自己的方向

生活中，我们周围的每一个人都是一个单独的个体，人与人虽然没有优劣之分，但却有很大的不同。这世界上的路有千万条，但最难找的就是适合自己走的那条路。每一个人都应该努力根据自己的特长来设计自己，量力而行，根据环境与条件，努力寻找有利条件；不能坐等机会，要自己创造机会，这是个不断尝试和摸索的过程中，大器晚成的摩西奶奶就曾告诫年轻人说：“去尝试，去选择”。她的成就也是得益于她找到了适合自己的一条路，从而发挥出自己的人生价值。

同样，生活中的每一个年轻人，都应该记住摩西奶奶的鼓励，应该尽力找到自己的最佳位置，找准属于自己的人生跑道。当你的事业受挫，不必灰心也不必丧气，相信坚定的信念定能点亮成功的灯盏。

很多成就卓著的人士的成功，首先得益于他们充分了解自己的长处，根据自己的特长来进行定位或重新定位。

奥托·瓦拉赫是诺贝尔化学奖获得者，他的成功过程极富传奇色彩。

瓦拉赫在开始读中学时，父母为他选择的是一条文学之路，不料一个学期下来，老师为他写下了这样的评语：“瓦拉赫很用功，但过分拘泥。这样的人即使有着完美的品德，也决不可能在文学上发挥出来。”

此后，父母只好尊重儿子的意见，让他改学油画。可瓦拉赫既不善于构图，又不会调色，对艺术的理解力也不强，成绩在班上是倒数第一，学校的评语更是令人难以接受：“你是绘画艺术方面的不可造就之才。”

面对如此“笨拙”的学生，绝大多数老师认为他已成才无望，只有化学老师认为他做事一丝不苟，具备做好化学实验应有的品格，建议他试学化学。

父母接受了化学老师的建议。这下，瓦拉赫智慧的火花一下被点着了，文学艺术的“不可造就之才”一下子变成了公认的化学方面的“前程远大的高材生”。在同类学生中，他遥遥领先……

可见，成功是多元的，并没有贵贱之分，适合自己的、自己擅长的就是最好的，也便是成功的。奥托·瓦拉赫的成功，说明这样一个道理：人的智能发展都是不均衡的，都有智能的强点和弱点，人一旦找到自己的智能的最佳点，使智能潜力得到充分的发挥，便可取得惊人的成绩。这一现象人们常称之为“瓦拉赫效应”。幸运之神就是那样垂青于忠于自己个性长处的人。松下幸之助曾说，人生成功的诀窍在于经营自己的个性长处，经营长处能使自己的人生增值，否则，必将使自己的人生贬值。他还说，一个卖牛奶卖得非常火爆的人就是成功，你没有资格看不起他，除非你能证明你卖得比他更好。

据说，有一次，爱因斯坦上物理实验课时，不慎弄伤了右手。教授看到后叹口气说：“唉，你为什么非要学物理呢？为什么不去学医学、法律或语言呢？”爱因斯坦回答说：“我觉得自己对物理学有一种特别的爱好和才能。”

这句话在当时听似乎有点自负，但却真实地说明了爱因斯坦对自己有充分的认识和把握。而现实生活中，有些人在人生发展的道路上，却把命运交付在别人手上，或者人云亦云，盲目跟风，他们忽视了自己的内在潜力，看不到自身的强大力量，甚至不知道自己到底想要什么，不知道未来的路在哪里，于是，他们浑浑噩噩地度过每一天，一直在从事自己并不擅长的工作和事业，以至于一直无所成就。

成功学专家A.罗宾曾经在《唤醒心中的巨人》一书中非常诚恳地说过：“每个人都是天才，他们身上都有着与众不同的才能，这一才能就如同一位熟睡的巨人，等待我们去为他敲响沉睡的钟声每……上天也是公平的，不会亏待任何一个人，他给我们每个人以无穷的机会去充分发挥所长……这一份才能，只要我们能支取，并加以利用，就能改变自己的人生，只要下决心改变，那么，长久以来的美梦便可以实现。”

尺有所短，寸有所长。一个人也是这样，你在这方面弱一些，在其他方面可能就强一些，这本是情理之中的事情，找到自己的优势和承认自己的不足，这是一种智慧。其实每个人都有自己的可取之处。比如说你也许没有同事长得漂亮，但你却有一双灵巧的手，能做出各种可爱的小工艺品；比如说你现在的工资可能没有大学同学的工资高，不过你的发展前途比他的广阔等。

所以，年轻人，你要知道，一个人在这个世界上，最重要的不是认清他人，而是先看清自己，了解自己的优点与缺点、长处与不足等。搞清楚这一点，就是充分认识到了自己的优势与劣势，容易在实践中发挥比较优势，否则，没有发现自己的不足，就会使你沿着一条错误的道路越走越远，而你的长处，却被你搁浅，你的能力与优势也就受到限制，甚至使自己的劣势被无限放大，使自己立于不利的地位。由此，从某种意义上说，是否认清自己的优势，是一个人能否取得成功的关键。

当然，要想发展自身的优势，首先要做到对自我价值的肯定，这不但有助于我们在工作中保持一种正面的积极态度，进而转换成积极的行动，无疑是一把超强的利器。

不要让别人的意见和看法左右你的人生

我们都知道，人应该是独立的。独立行走，使人脱离了动物界而成为万物之灵。每个人都需要有自主意识，这才能成为一个独立存在的生命个体。然而，随着物质生活水平的提高，我们发现，一些年轻人正在走着父母为自己铺好的路，这些父母要么把帮助孩子积累财富当成“终生事业”，千方百计的为孩子积累钱财，要么在孩子还年少时就为孩子规划一条人生路，而他们没有意识到的是，这会使他们的孩子养成依赖性和惰性，缺乏毅力和恒心，缺乏奋斗精神，将来也无法立足于社会。作为年轻人，一定要记住，你的人生是自己的，千万不要让他人的意见和看法来左右你。

年轻人敬仰的摩西奶奶就是个敢于追求自我的人，我们可以想象，一个毫无专业绘画技能、年逾古稀的老人，当她拿起画笔的那一刻，是需要多么大的勇气！也许还有一些人会嘲笑她，但事实上，她的坚持是正确的，她成功了。

人们常说："没有人能随随便便成功"，这句话用在摩西奶奶身上大概最贴切不过了。用心思考，你会发现，任何一个成功的经验无不来自于一个伟大的想法，摩西奶奶之所以能摘取成功的果实，就是因为他们能坚持倾听自己内心真正的声音。

而我们又发现，任何一个成功的人，他之所以成功的原因并不是都来自于他本人自身的勤奋，而是因为他们善于找到一条适合自己的成功路，他们拥有与众不同的思想；而那些失败的人，也并非是因为他不够努力，而是因为他人云亦云，总是在重复别人的老路。

诗人但丁曾说："走自己的路，让别人去说吧。"这句话的含义是，当你认为自己选择的路正确时，请坚持你的选择，别太看重别人怀疑和反对的态度，坚持自我，你会有更大的突破。

其实，许多事例证明，别人给予你的意见和评价，往往不是正确的。

音乐家贝多芬在拉小提琴时，他宁可拉自己的曲子，也不愿做技巧上的变动，为此，他的老师曾断言他绝不可能在音乐这条道路上有什么成就。

20世纪最伟大的科学家爱因斯坦4岁时才会说话，7岁才会认字。老师给他的评语是"反应迟钝，不合群，满脑袋不切实际的幻想"。

大文豪托尔斯泰读大学时因成绩太差而被劝退学。老师认为他"既没读书的头脑，又缺乏学习的兴趣"。

如果以上诸位成功人士不是走自己的路，而是被别人的评论所左右，那他们就不会取得举世瞩目的成就。

生活中渴望成功的年轻人，如果你怀揣着成功梦，那就必须要有自己的想法。做一个有个性的人，不走寻常路，你才能拥有不同寻常的成功。

我们再来看下面一个故事：

曾经有个理查德·何塞是哈佛的学生，他的名字经常被教授们引用。

理查德是哈佛毕业的高材生，但令别人感到惊讶的是，他并没有和其他毕业生一样就职于某家大企业或者成为某一行业的技术骨干，而是成为了一个出类拔萃的油漆匠。

理查德之所以成为一位出类拔萃的油漆匠，这跟他父亲是很有关系的。理查德的父亲也是一位手艺很好的油漆匠，在他年轻的时候，他成功偷渡到了洛杉矶，但非法移民生活是辛苦的，而他正是凭借这一手好油漆活在洛杉矶站住了脚。后来，因为一次大赦，他拿到了绿卡，他一家人也就成了名正言顺的美国公民。

理查德是个懂事的孩子，在他很小的时候，为了减轻父亲的工作压力，经常在放学以后就帮父亲干一些油漆活。几年下来，他不但掌握了父亲所有的手艺，而且有些方面还大有创新，这让他的父亲感到很诧异。

理查德在读书方面也表现出了与众不同的天赋，他在学校的成绩总是全年级前三名，他在社区服务的记录一直是最好的，而且，他还获得过全美中学生美术展油画铜奖，这就使得他轻而易举地被哈佛大学录取了。

在哈佛读书的四年，理查德虽然成绩一直名列前茅，但他似乎总为没法摸摸油漆活而大发牢骚，他觉得自己只有在摸油漆的过程中，才是快乐的，为此，每到周末，他就赶紧回家来摆弄油漆。

很快，四年大学毕业，他坚持不继续深造，而是在洛杉矶找到一份不错的工作。

理查德在工作中也一直很努力，为此，老板嘉奖了他很多次，但内心总是不忘油漆活。一次，当老板问及他对公司有什么建设性意见时，理查德不加思索地说："公司经常要把一些零部件拿到外面去做油漆，这样，浪费了成本不说，每次油漆的质量也不怎么样，如果公司能够成立一个专门的油漆部门，那么，这个问题便能很好地解决。"

老板笑着说："这简直太难了吧，买设备倒是小事，我们去哪里招聘那些优秀的油漆技师呢？"

理查德说："用不着招了，你面前就有一个。"

于是，接下来，理查德道明了自己的想法，以及自己过去的经历，他还说，自己想招收一些年轻人，由自己亲自培训。这个想法打动了老板，于是，老板当即决定，成立油漆部，由理查德任经理兼技师。

回家后，理查德兴冲冲地告诉父亲自己提升了。听完儿子的话，老父亲半天没说出话来，他当然反对儿子这么做，但他也知道，自己是阻止不了儿子的。事实证明，理查德是对的，经过几年的努力，这个油漆部的工作非常出色，白宫有些用品都指定在这里加工。

为什么理查德的故事在哈佛大学被广为传诵？因为哈佛希望学生们能明白，一个人，只有走自己的路，坚持自己的想法，才能真正走出一条与众不同的康庄大道。

因此，年轻人，在成长的路上，你不必过于在意别人的看法。如果你所希望走的路与父母的想法相背离时，你是坚持自己的想法还是听从父母的意见呢？如果你与朋友的想法相左时，你又该怎么办呢？此时，假如你认为自己的观点是正确的，那么，你就要坚持。未来社会，相信自己，要走正确的路，走自己的路，不怕失误、不怕失败，成为一个创新型人才。

看到自己的劣势，学会变劣势为优势

俗话说"金无足赤，人无完人"，无论是谁，都有优点、长处，也都有缺点、短处，一个人也只有了解自己的优缺点以及能力界限，清醒地看到自己的不足，才能有的放矢地进行弥补。作为年轻人的你，可能现在身上有某些不足，你的工作能力不突出、头脑不够聪明、不善言谈等，但无论如何，都不能妄自菲薄，因为劣势并不可怕，只要你坚持积极的态度，懂得化劣势为优势，

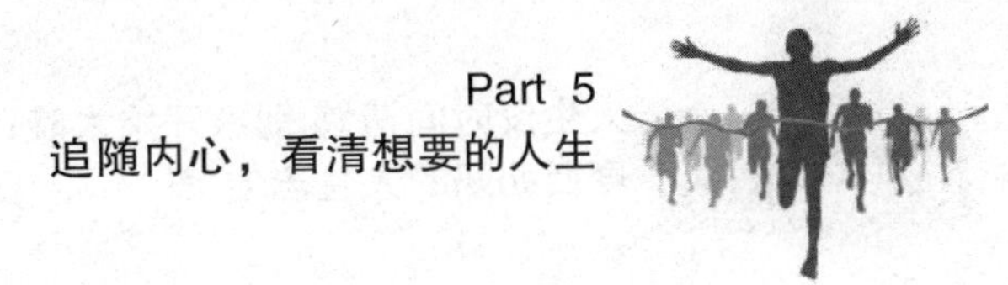

你就能充分完善自己。

摩西奶奶是很多年轻人敬仰的对象，她之所以能打动很多年轻人，不仅是因为她清新的绘画风格，还因为她积极的人生态度，她并不认为自己的绘画技巧多么高超，只是她认为自己热爱绘画，绘画让她觉得充实，所以她在晚年一直热衷于这项事业并努力坚持。

摩西奶奶告诉所有的年轻人，一个人如果不去挖掘自己的潜在能力，它就会自行泯灭。正像格拉宁所说："如果每个人都能知道自己干什么，那么生活会变得多么好！因为每个人的能力都比他自己感觉到的大得多。"

当然，任何一个人，要想将自己的劣势变为优势，还需要付出比他人更多的努力，只有努力才能实现蜕变。

马克思说："自暴自弃，这是一条永远腐蚀和啃噬着心灵的毒蛇，它吸走心灵的新鲜血液，并在其中注入厌世和绝望的毒汁。"积极乐观的人永远能跟随自己的内心走，永远相信自己能成为一个优秀的人。为此，你需要做到的是：

1.首先，你要找到自己人生的优势所在

首先是明确自己的能力大小，给自己打打分，通过对自己的分析，旨在深入了解自身，从而找到自身的能力与潜力所在。

①我因为什么而自豪？通过对最自豪的事情的分析，你可以发现自身的优势，找到令自己自豪的品质，譬如坚强、果断、智慧超群，从而挖掘出我们继续努力的动力之源。

②我学习了什么？你要反复问自己：我有多少科学文化知识和社会实践知识？只有这样，才能明确自己已有的知识储备。

③我曾经做过什么？经历是个人最宝贵的财富，往往从侧面可以反映出一个人的素质、潜力状况。

2.其次，你需要挖掘出自己的不足

①性格弱点。人无法避免与生俱来的弱点，必须正视，并尽量减少其对自己的影响。比如，如果你独立性太强，可能在与人合作的时候，就会缺乏默

契，对此，你要尽量克服。

②经验与经历中所欠缺的方面。“人无完人，金无足赤”，每个人在经历和经验方面都有不足，但只要认真对待，善于发现，并努力克服，就会有所提高。

另外，你还要经常自我反省，查缺补漏。日本学者池田大作说：“任何一种高尚的品格被顿悟时，都照亮了以前的黑暗。”只要你具备了多一点自省的心理，便具有了一种高尚的品格！年轻人，当你取得了一定的成绩后，切不可妄自尊大，也不可自负，人最难能可贵的就是胜不骄败不馁，懂得自我反省，才能不断进步。

可见，生活中的年轻人，你只有非常了解自己的优点和缺点，同时不断地改善自己的缺点，这样，才能使得自己的劣势变为优势，才能做到查缺补漏，从而不断地超越自己，朝着积极的方向努力，有一天你也会成为摩西奶奶那样优秀的人。

认清自己，从兴趣爱好开始发展自身优势

伟大的科学家爱因斯坦说：“兴趣是最好的老师。”古人亦云：“知之者不如好之者，好知者不如乐之者。”这就是说，一个人一旦对某种事物有了浓厚的兴趣，就会有强大的精神动力，去主动求知、探索，以达到感性认识和理性认识的统一，形成对事物系统、全面、完整地认识，在这个过程中，他还会产生愉快的精神体验，进而形成一个良性的循环。

年轻人所敬仰的摩西奶奶曾说过这样一句话：“你最愿意做的那件事，才是你真正的天赋所在。”她告诉年轻人，人到底该在什么时候做什么事，并没有谁明确规定。如果我们想做，就从现在开始。

事实上，摩西奶奶之所以在绘画上有如此造诣，也是因为兴趣所在，兴趣

让她有源源不断的动力，进而能做到几十年如一日，最终自学成才。

而现实生活中，一些年轻人在人生发展的道路上，却把命运交付在别人手上，或者人云亦云，盲目跟风，他们忽视了自己的内在潜力，看不到兴趣的强大作用，甚至不知道自己到底想要什么，不知道未来的路在哪里，于是，他们浑浑噩噩地度过每一天，以至于在充满各种诱惑的社会大潮中迷失了自己。如果你能准确地定位自己，认清自己，找到自己的兴趣所在，那么，你就能充分挖掘自己的内在动力，朝着这个方向努力，你就会做回自己，才能发挥自己的价值。

相信不少年轻人都听说过姚明这个名字，任何一个中国人，都对姚明这个名字耳熟能详，然而，不为人知的是，他在篮球事业上的辉煌，也来自于他成长过程中的兴趣。然而，他的兴趣并没有刚开始就锁定在篮球上。他曾经说过："最重要的就是去做你真正想做的事情，跟着兴趣走。"

在姚明小时候，他和很多同龄的男孩子一样，喜欢枪，喜欢玩游戏，喜欢自由自在的生活，做自己喜欢做的事情。但后来，他开始喜欢看书，尤其喜欢看地理方面的书籍。他的父亲说，有一段时间姚明还对考古发生了兴趣，再往后，喜欢做航模，他第一次在体工队拿了工资，就去买了航模回来自己做。再后来就喜欢打游戏机了。

姚明的家庭是民主自由的，尤其在他的学习上，他的父母从来不逼迫他，而是以启发施展为主，重视培养他的兴趣。而这种方式让姚明享受到了学习的乐趣。长大之后，每当有人问起他的童年，他都会说："我是玩过来的，没人逼迫我学习。"

姚明、姚明的父母和他当年的老师、教练以及小伙伴都说，其实刚开始他并不喜欢篮球，对当年的他来说，篮球只不过是一种游戏。

而直到他9岁的时候，姚明才开始对篮球有点兴趣。到12岁时，他已经非常喜欢篮球这项运动了。父母把他送到上海体育学院，他在那每天都要打几个小时的篮球。由于姚明住校，离家的路途比较遥远，这使得他有更多的时间打

篮球，他对篮球越发专注了。

姚明最喜欢的球员有三个，他们是阿瑞维达司·萨博尼斯、哈基姆·奥拉朱旺和查尔斯·巴克利，姚明还坦言他曾用“萨博尼斯”作为网名。

萨博尼斯是姚明刚开始打球时的偶像。姚明喜欢萨博尼斯打球的方式——娴熟的运球，用不可思议的方式把球传给空位的队友，精准的中远距离投篮。每当他在场上时，他都会效仿他的偶像打球的方式。

后来，姚明很关注当时的休斯敦火箭。这支球队以另一个敏捷的大个子哈基姆·奥拉朱旺为首，1994年和1995年连续两年赢得NBA的总冠军。姚明迷上了这支球队，也非常崇拜奥拉朱旺。这些都使姚明对篮球更感兴趣，也使他打球的动力更足。

姚明因对篮球的兴趣而成为伟大的球星。从姚明身上，我们可以发现，兴趣能对一个人的成长、个性形成和发展乃至人生路途有巨大的作用。然而，并不是每个人都能让兴趣发挥如此巨大的推动作用，兴趣的产生也不是与生俱来的，它是在学习、活动中发生和发展起来的。为此，我们若想找到自己真正的兴趣所在就必须做到：

首先，你可以从培养自己的好奇心开始。

生活中，我们经常会遇到一些未知的事物，很多人对这些未知事物都采取一笑置之或者漠然的态度，而实际上，这正是培养我们兴趣的关键部分，没有好奇心，就没有探求的欲望，也就谈不上兴趣，比如，你看到美丽的彩虹，那为什么会出现彩虹呢？真的是天女所为？要消解这些问号，就需要你进一步查看相关书籍，了解这些知识，兴趣的开端也就这么产生了。

其次，你需要保持持续的热情。

有些人的确有好奇心，但总是三分钟热度，比如，他们喜欢弹琴，但持续不了一个月，这样，即使你再有天分，你的弹琴技巧肯定会退步。可见，同样的，要培养一份兴趣，就要保持持续的热情，每天进步一点，你就会把这一兴趣变成生活习惯，长此以往，自然会有所提高。

当然，无论做什么事，最怕的就是蜻蜓点水、不求甚解，生活中，一些年轻人兴趣爱好广泛，但却做不到精益求精，这又怎么能真正让兴趣发挥作用呢？可见，兴趣不只是对事物的表面的关心，更需要我们不断培养，不断参与，并且贵在坚持！

你最愿意做的那件事，才是你真正的天赋所在

现实生活中，任何一个年轻人，都怀揣梦想，希望可以大展拳脚，但现实的状况可能是，为了生活，他们选择了一份自己根本不喜欢的工作，于是，接下来，每天重复着同样毫无兴趣的工作，他们已经失去热情，甚至开始抱怨，却拒绝做出改变。如果你问他们，为什么不干脆辞职，或者要求调任，或者做点什么来改变这种局面，他们总是有各种各样的借口：我还要还贷款；我的家人不允许我这么做；我对这份工作已经习惯了；也许没有更好的地方；我的工资很高，我舍不得放弃这份高薪工作；我没有其他方面的技能；我只会做这个；等等。而抱着这样的态度，你永远不可能有所建树，以这样的状态，你会感觉工作是枯燥的，工作效率也是低下的。事实上，无论你从事哪个行业，热情都是你成功的动力。蒂夫·鲍尔默说："我想让所有的人和我一起分享我对我们的产品与服务的激情，我想让所有的员工分享我对微软的激情。"卡耐基说："除非喜欢自己所做的工作，否则永远无法成功。"

无论做什么，成功始于源源不断的热忱，一个人只有愿意做某件事，才会全身心地投入，才能珍惜你的时间，把握每一个机会，调动所有的力量去争取出类拔萃的成绩。为此，摩西奶奶说："你最愿意做的那件事，才是你真正的天赋所在"。

毫无疑问，摩西奶奶在绘画艺术上的造诣是惊人的，她必定是天赋异禀，

即使在年逾古稀时提笔依然有如此成就，可以在从未接受过绘画训练的基础上随心所欲地描绘人生。

摩西奶奶说，这个世界上，谁都可以画画，只要她愿意。她告诫所有的年轻人，做你喜欢的事情就对了。

有人说，摩西奶奶的成功可以说是大器晚成，也可以说是无心插柳，但不管怎样，她对生命有着无限的热爱，也一直在坚持自己的本心，更重要的是，她是一个快乐的成功者，并不断把这种乐观散播到世界各地。这就是摩西奶奶最大的魅力所在吧！

无论做什么事，“热爱”是最纯粹的动机，是一切进步的源动力。只要热爱，就会产生意愿、努力、成功。年轻人，从现在起，去做你喜欢和愿意做的事情吧，你就会自然而然地产生积极性、做出努力，就能在最短的时间内取得一定的进步。在别人看来是千辛万苦，而本人非但不认为苦甚至当做乐趣。

微软总部的办公楼里有一位临时雇佣的清洁女工，在整个办公大楼里，有好几百名雇员，她是唯一工资最低、没有任何学历、工作量最大的人，可她却是办公楼里最快乐的人！

每一天，她来得最早，对任何一个人都面带微笑，时刻都在快乐地工作着，对任何人的要求，哪怕不是自己工作范围之内的，也都愉快并努力地跑去帮忙。周围的同事都被她感染了，有很多人成了她的好朋友，甚至包括那些被大家公认冷漠的人，没有人在意她的工作性质和地位。她的热情就像一团火焰，慢慢的，整个办公楼都在她的影响下快乐了起来。

盖茨很惊异，就忍不住问她：“能否告诉我，是什么让您如此开心地面对每一天呢？”“因为我热爱这份工作！”女清洁工自豪地说，“我没有什么知识，我很感激公司能给我这份工作，可以让我有不菲的收入，足够支持我的女儿读完大学。而我对这美好的现实唯一可以回报的，就是尽一切可能把工作做好，一想到这些，我就非常开心。”

盖茨被女清洁工那种热爱工作的态度深深地打动了，他动情地说：

“那么，您有没有兴趣成为我们当中正式的一员呢？我想你是微软最需要的人。”“当然，那可是我最大的梦想啊！”女清洁工惊讶地说道。

此后，她开始用工作的闲暇时间学习计算机知识，而公司里的任何人都乐意帮助她，几个月以后，她真的成了微软的一名正式雇员。

生活中的年轻人，也应该和这位女清洁工一样热爱自己的工作，把工作当成一门学问来研究，当成事业奋斗的理想目标，并努力向上攀登。每一份平凡的工作都是你获取新知识、新经验的来源。

科学研究表明，人一旦对某活动产生了兴趣和热情，就能提高这种活动的效率。古今中外很多科学家、发明家取得伟大成就的原因之一，就在于由浓厚的认识兴趣所产生的强烈的求知欲望。“兴趣是最好的老师。”对人类作出杰出贡献的大科学家爱因斯坦的这句至理名言被许多教授在课堂上引用。任何一个有所作为的人，在他们的成才历程中，兴趣都对其起到了巨大的、不可替代的作用。当你热爱你的工作的时候，你的工作就不单纯的是一种劳动，而是一种娱乐。你可能因为看一部电视剧而24小时不睡觉，你可能因为一个游戏几天几夜不合眼甚至不吃饭，归根结底，那是因为你热爱，你投入。

反过来，现代社会，每个公司都需要一些对本职工作热爱的员工，如果你为自己还是平凡岗位的一员而抱怨的话，请调整自己对工作的态度，如果你从现在开始热爱自己的工作，无论多么平凡的岗位，你同样会有不俗的成绩。热爱自己岗位做个快乐工作的人吧。

要知道，世界上没有卑微的工作，只有卑微的心态。如果你以麻木的态度对待工作，就是亵渎了自己和自己的工作。要热爱自己的事业，这是成功的起点。在喜欢自己工作的情况下，即使工作得再累，往往也不会觉得辛苦。事实上，当一个人真正喜爱自己的工作时，他根本就不觉得是在工作，而是乐在其中。

“成就一番伟业的唯一途径就是热爱自己的事业。如果你还没能找到让自己热爱的事业，继续寻找，不要放弃，跟随自己的心，总有一天你会找到

的。”因此，年轻人，热爱你的工作吧！一个人所从事的工作，是他获得幸福的源泉，是他的理想所在，是他对待人生态度的体现。工作将填满你的大部分人生，人生唯一能获得真正满足的方法就是——做你相信是伟大的工作，而伟大的工作是你所热爱的事业。我们可以从工作中释放自己的热情、释放自己的能量、释放自己的智慧，来获取一份快乐，一份成功！

Part 6

谁能阻挡你，最可怕的敌人就在自己心里

››››››››

相信不少年轻人感叹摩西奶奶的成功，但我们惊叹更多的是摩西奶奶的人格魅力，包括她的执着，热情，还有自信。摩西奶奶告诉每一个年轻人，年轻人就是要敢想敢做，要有自信去挑战自己，挑战高难度。在中国，也有句古语：人皆可以为舜尧，意思是说，只要你树立必胜的信心，就能够战胜任何困难，成为杰出的人。当一个人失去自信的时候，你就难于做好事情，当你什么也做不好时，你就更加不自信，这是一种恶性循环。若想从这种恶性循环中解脱出来，重建自信心，年轻人，你不妨先从最有把握做好的事情做起，用不断取得的成功来建立我们的自信心。

››››››››

自卑感是阻挡你前行的力量

你是一个自卑的人吗？我们先来听这样一个故事：

很久以前，有个农夫，他每天都要去山下挑水。他的两个木桶，一个完好无损，另一个却裂开了一条缝。农夫每次到山下的河边挑水时，总会出现这样一个情况：一头是满满当当的一桶水，一头只有半桶水，当然，这时候有裂缝的桶就感觉到自己无比痛苦、自卑。

有一天，有裂缝的水桶终于想跟主人一吐心中的不快："我很自卑，每次只能让您挑回来半桶水。"

农夫惊讶地说："那你有没有注意到你那边的花草长的茂盛且美丽，而另外的一边草木不生，你的确有缺陷，但你的缺陷可以让我一路上欣赏许多美丽的风景啊！"

对于这个问题，生活中的年轻人，你是怎么看的呢？如果你也能看到这些"美丽的花草"，那么，你就不是自卑的人。

年轻人敬仰的摩西奶奶也是这样一个内心信心十足的人。我们都知道，摩西奶奶之所以能成功，挖掘出潜能是关键，但她的画作之所以被我们喜欢，是因为其清新质朴的画风，然而，人的朴素，来源于自信。摩西奶奶七十多岁才开始绘画，在这之前，她一直生活在农场，和一些农夫打交道，但她深爱农场生活，无论是挤牛奶还是刺绣，无论是成名还是未成名，她都生活得坦然、自信。

摩西奶奶也告诉所有的年轻人，一定要更多地认识自己的优势、长处和才干，获得更多的自信。

一般情况下，人们的自我评价，往往是根据自己和他人的评价两个方面形成的，从而认识到自己的长处和短处。然而，有的人在与他人比较的过程中，经常喜欢拿自己的短处与别人的长处相比，而结果往往是自惭形秽，越比较越觉得自己不如人，越比较越泄气。只看到自己的不足，而忽视自己的长处，久而久之就会产生自卑感。

自卑是一种消极的自我评价。生活中，我们发现，有这样一些已把自卑当成一种习惯的年轻人：他们不愿和别人主动来往，他们做任何事情都缺乏自信，没有竞争意识，享受不到成功的喜悦，看事情总是看不好的那一面，对任何事都心灰意冷。他们还常常低估自己，即使他们很优秀，他们也会觉得自己很失败，而且他们容易受别人的影响，如果别人对他们的评价较低，他们就会相信别人的评价。此外，导致自己悲观失望，不思进取，甚至沉论，自然产生自卑感。

而实际上，没有人是毫无缺点的，只是在我们的内心，这个缺点所占份额的大小问题，如果我们将缺点无限放大，那么，它将会腐蚀我们的心，阻碍我们成功，我们就会长久自卑；而如果我们能正视缺点，并将缺点限制在一定的范围内，它就会成为我们努力和奋斗的催化剂，助我们成功。

自卑不仅仅是一种情绪，也是一种长期存在的心理状态。有自卑心理的人，在行走于世的过程中，他们的心理包袱会越来越重，直至压得人喘不过气。它会让人心情低沉，郁郁寡欢。因为不能正确看待自己、评价自己，他们常害怕别人看不起自己而不愿与人交往，也不愿参与竞争，只想远离人群，他们缺少朋友，甚至自疚、自责、自罪；他们做事缺乏信心，没有自信，优柔寡断，毫无竞争意识，享受不到成功的喜悦和欢乐，因而感到疲惫、心灰意冷。

年轻人，可能你也发现，在你的周围，那些自信的人，总是精神焕发、昂首挺胸、神采奕奕、信心十足地投入到生活和工作当中去；自信的人不惧怕失败。他们用积极的心态面对现实生活中的不幸和挫折，用微笑面对扑面而来的冷嘲热讽，他们用实际行动维护自己的尊严。这一切都淋漓尽致地表现出自信者的气质，一种坦诚、坚定而执著的向上精神。

要做自信的人：

首先，你就要学会正确审视自己、肯定自己。那么，如果你是个自卑的人，怎样才能摒除自卑，重新找回自信的自己呢？

全面客观地认识自己，意思就是不仅要看到自己的优点，也要看到自己的缺点，并客观地给予评价。要做到这一点，除了自己对自己的评价，还要注意从周围人身上获取关于自己的信息。这些人可以是我们的父母，也可以是我们的朋友，也可以是我们的同事，只有这样，我们才能够逐步形成对自我的全面客观的认识。

其次，面地接纳自己。接纳自己的优点，而容不下自己的缺点，是很多人容易犯的错误。一个人首先应该自我接纳，才能为他人所接纳。

因此，真正的自我接纳，就是要接受所有好的与坏的、成功的与失败的。不妄自菲薄，也不妄自尊大，不卑不亢，才能健康地发展自己，逐步走向成功。

你还需要积极地完善自己的不足。这些不足，指的是某些“内在”上的，比如，学识、技能、素质等。

另外，对于别人对你的批评，你需要理性地看待。因为别人批评你是免不了的。如果你对别人的批评很在意，心理上就会很难过，愈辩就愈黑；如果你以理性的态度、开放的心情去接受，心情反而会坦然。

战胜自己，就没有什么可怕的

“要战胜别人，首先须战胜自己。”这是智者的座右铭。人生路上，我们会遇到一些挫折，但我们的敌人不是挫折，不是失败，而是我们自己，是内心

的恐惧，如果你认为你会失败，那你就已经失败了，说自己不行的人，自己给自己说丧气话，遇到困难和挫折，他们总是为自己寻找退却的借口，殊不知，这些话正是自己打败自己最强有力的武器。一个人，只要把潜藏在身上的自信挖掘出来，时刻保持着强烈的自信心，困难才会被我们打败。成功者之所以成功，是因为他与别人共处逆境时，别人失去了信心，他却下决心实现自己的目标。

生活中的年轻人，在为梦想奋斗的过程中，你可能会偶尔感到恐惧，但对此，大器晚成的画家摩西奶奶曾说：“别总是自己吓自己，也不要总是事先设想着事情会朝着坏的方向发展。”摩西奶奶这句话是要告诉年轻人，在做任何事之前，不要总是设想一个糟糕的未来，毕竟做任何事，只有真正去做了，才会有成功的希望，如果还没行动，就开始担心失败，那么你的人生注定是一片荒凉。

我们渴望在摩西奶奶身上看到未来的自己也是如此，即便年老色衰，依然有着饱满的精神，年轻的心态，勇敢地朝着自己向往的地方大步向前。

美国著名将领艾森豪威尔将军说：“软弱就会一事无成，我们必须拥有强大的实力。”不正面迎战恐惧，面对挑战，你就得一生一世躲着它。尺有所短，寸有所长，人最大的敌人是自己。只有能够战胜自我的人，才是真正的强者。

年轻人需要记住的是，在困难面前，逃避恐惧往往无济于事，只有正面迎击，才能更好的解决困难。有时你会发现，那些所谓的困难与麻烦只不过是恐惧心理在作怪，每个人的勇气都不是天生的，没有谁一生下来就充满自信的，只有勇于尝试，才能锻炼出勇气。

曾经有一个叫卡兰德的军官。有一次，卡兰德在纽约的一个漂亮饭店里，看着善泳的朋友们在阳光下嬉戏，忽然有一种不舒服的感觉涌上心头。卡兰德告诉他们，自己怕晒黑，所以不想下水。朋友们笑着怂恿他：“不要因为怕水，你就永远不去游泳……”

阳光溅在他们水滑滑、光亮亮的肌肤上，他们像海豚一样骄傲地嬉戏着，而卡兰德其实 并不想躲在没有阳光的阴影里看着他们的快乐而已。他觉得自己是个懦夫。

一个月后，朋友邀卡兰德到一个温泉度假中心，他鼓足勇气下水了。卡兰德发现自己没自己想象中那么无能，但他不敢游到水深的地方。

“试试看，”朋友和蔼地对他说，“让自己灭顶，看会不会沉下去！”

于是，卡兰德试了一下。朋友说得没错，在我们意识清明的状态下，想要沉下去、摸到池底还真的不可能。真是奇妙的体验！

“看，你根本淹不死。沉不下去，为什么要害怕呢？”

卡兰德上了一课，若有所悟。从那天起，他不再怕水，虽然目前不算是游泳健将，但游 个四五百米是不成问题的。

和卡兰德一样，年轻的朋友们，当你遇到困难时，你也可以克服恐惧。“现实中的恐怖，远比不上想象中的恐怖那么可怕。”你在面对困难时，理所当然，会考虑到事情的难度所在，如此，你便会产生恐惧，会将原本的困难放大。但实际上，假若你能减少思考困难的时间，并着手解决手上的困难时，你会发现，事情远比你想象中简单得多。任何成功的人士，都是靠勇敢面对多数人所畏惧的事物，才能出人头地的。美国著名拳击教练达马托曾经说过：“英雄和懦夫同样会感到畏惧，只是英雄对畏惧的反应不同而已。”

人们面对恐惧的表现之一通常是逃避，而试图逃避只会使得这种恐惧加倍。任何人只要去做他所恐惧的事，并持续地做下去，直到有获得成功的记录做后盾，他便能克服恐惧。既然困难不能凭空消失，那就勇敢去克服吧！

要摆脱恐惧心理，你可以从以下几个方面着手：

首先，树立自信心。

树立自信心是战胜胆怯退缩的重要法宝。胆怯退缩的人往往是缺乏自信的人，对自己是否有能力完成某些事情表示怀疑，结果可能会由于心理紧张、拘谨，使得原本可以做好的事情弄糟了。

其次，告诉自己“我能行”。

生活中，一些年轻人常常说“我不行”。而之所以他们会有这样的意识，是因为两个方面的原因：一个是自我意识，二是外来意识。当他们经常被长辈和周围的人灌输“你不行”的时候，他们就会认为“我不行”，作为年轻人的你，要摆脱这种恐惧，必须在内心反复暗示自己：“我能行。”

总之，物竞天择，适者生存，当今社会更是一个处处充满竞争的社会，一个有作为的人必定是一个敢想敢做的人，而你首先要做的就是消除内心的恐惧，才可以毫无畏惧，必然战无不胜。

要有勇气尝试不擅长的事儿

在日益开放的全球化世界中，随机性和偶然性越来越大，往往变幻莫测，难以捉摸。在如此不确定的环境里，勇气就成了最宝贵的资源。人这一生最可悲的不是没有能力，而是没有勇气。当机遇一次次擦肩而过时，如果没有勇气去抓住，那么其他方面再怎么强也没有用。相反有了充足的勇气，哪怕自己的条件比不上别人，成功的机会也比别人更多。

每个年轻人都将摩西奶奶奉为自己人生学习的榜样，这不仅是因为摩西奶奶在绘画上的造诣，更因为她有着我们敬佩的勇气，一位七旬的老人，毫无绘画功底，从一点一滴开始，将自己熟悉的农场生活逐步描绘到画纸上，这是何等的勇气！

每个年轻人都应将摩西奶奶的话“去尝试吧”作为自己的座右铭。你要记住，无论你失去什么，都不能失去勇气。而勇气也并不是一蹴而就获得的，需要你在平时的日常生活中逐渐培养，可能现在的你刚刚踏入社会，为此，你可以尝试做一些你没有做过或者不擅长的事，这是一种对自我的挑战，如果胆

小怕事，就不可能获得成功。风险中肯定有困难，但困难中蕴藏着巨大机会的种子。

小周是个聪明的小伙子，刚开始，他以较好的学历被聘用。但入职以后的他却表现平平，无论做什么事，他总是前怕狼后怕虎，不是担心这个，担心那个，就是什么都不敢尝试，只要是有点难度的工作，他都说自己做不好。后来，上司就再也不把重要任务交给他了。他成了办公室的“多余人”。

时间过得真快，一转眼几年过去了，公司里也招进来很多新人，这些新人锐意进取，一个个都表现得比他优秀，他感到了前所未有的危机，但他还是不敢接受稍有风险的工作。再后来，大家都忘记了办公室里还有他这样一个老员工。听说公司近期要精简人员，也许那时会第一个想起他来。

恐怕任何一个年轻人都不想落得和小周一样的悲哀下场，那就勇敢地迈出“划时代”的一步吧！一切都将改变。

我们发现，古今中外，任何一个成功者，都具有一些共同的特质：他们积极主动，敢作敢为。同样，任何一个人，无论现在处于什么样的境况，要想在未来社会竞争中脱颖而出，那么，你就需要勇气。

而其实，生活中，就是有这样一些年轻人，他们总是说自己很勇敢，而到真正可以表现自己勇气的时候，却左右迟疑，就连在例会上大胆的发言都做不到，这不是真的勇敢。因为勇敢不是停留在言语上，是要用行动去证明的。很多时候，我们不能改变现状，不能改变世界，但是我们能够改变自己的心态。改变自己，以热情的心和敢闯的勇气来面对一切，你的世界会呈现别样的精彩！

生活中的年轻人，青春就该激扬奋斗，你应该敢想敢做，不要被自己的心所限制，大胆地做你不敢做的事吧，为此，你可以做到：

1.走出“划时代的一步”

只要你敢于突破自己，走出那重要的一步，那么，什么都将会改变。因此，大胆尝试吧，不妨从生活中的小事开始改变。

比如，以前例会上，领导让你发言，你可能会认为，一旦回答错了或者表现不好，会被其他同事笑话，于是，你每次都暗示自己：“等下次再发言吧。”就这样，很多表现自己能力的大好机会被白白浪费，而且你又中了一次缺乏信心的毒素，你会越来越丧失信心和勇气。你要彻底改变过去的你，那就大胆地发言吧！

2.多做一些曾经没有做过的事

做曾经不敢做的事，本身就是克服恐惧的过程。如果你退缩、不敢尝试，那么，下次你还是不敢，你永远都做不成这件事。只要下定决心、勇于尝试，那么，这就证明你已经进步了。在不远的将来，即使你会遇到很多困难，但你的勇气一定会帮你获得成功。

3.尝试做一些不喜欢做甚至是不敢的事

有些人总是屈从于他人，不敢鼓足勇气尝试没有做过的事情，时间久了就会误以为自己生来就喜欢某些东西，而不喜欢另一些东西。应该认识到，什么事情都要敢于去尝试，尝试做一些自己原来不喜欢做的事，就会品尝到一种全新的乐趣，从而慢慢从老习惯中摆脱出来。关键要看是否敢于尝试，是否能把自己的想法贯彻到底。

4.告诉自己：胜利就在下一秒

困难和挫折可以摧毁一个人，也可以成就一个人，就看你以怎样的心态面对。而心态的积极与否，需要你自己选择。对此，你可以在心里暗示自己：成功就在下一秒，坚持，再坚持，就能看到光明！

可以怀疑自己，但不要怀疑信念

我们每个人，也包括那些斗志昂扬的年轻人，关于未来，大概都有自己的

构想，都希望自己能够出人头地，成为社会上的可用之材。但随着物质生活条件的改善，我们发现，很多年轻人被父母长辈过度地呵护，反而形成了自卑、封闭、孤独的心境。甚至面对生活，尤其是在遇到失败、遭遇挫折以后，面临“恶劣”的环境无精打采，他们以自己是个“不行”的人为理由，选择逃避，说明自己已无能力解决所面对的问题。当然，这种心态产生的原因是多方面的，但作为年轻人自己，你必须要树立信心，多经受生活的历练，方能发现自己非凡的才能。

摩西奶奶是很多年轻人引以为豪的榜样，一个七十多岁之前从未拿起过画笔的她，开始描绘多彩的世界，更难得的是，她丝毫不受其他艺术大师的影响，形成了自己独特的画风。在摩西奶奶心中，她一直坚信，只要自己愿意努力，愿意坚持不懈地绘画，就能有所成就。她告诉年轻的人们，在奋斗的过程中，一定要有信念，怀疑自己也不能怀疑信念，事实上，正是这一启示，鼓舞了很多处于迷茫中的年轻人。

生活中的年轻人，相信你也和摩西奶奶一样有自己的理想，这种理想决定着我们努力和判断的方向。但想将理想化为现实，我们还必须要有必胜的信念，相信自己能做到，并将之付诸实践。曾经有人问康拉得·希尔顿：“何时得知自己将会成功？”希尔顿的回答是：“当我还潦倒困顿到必须睡在公园的长板凳上时，我已经知道自己以后将会成功”。的确，无论发生什么事，无论处于什么境地，自信者都相信自己一定能成功。

自信具有一种魔力，它能让人产生积极向上的生活态度和努力拼搏的热情。如果你希望自己成为自己想要成为的人，那么，首先要树立坚定的信心，要有强烈的愿望，这都是不可或缺的。

年轻人，无论你希望自己在将来成为什么样的人，都要相信自己一定能做到。自信的人到哪里都光彩夺目，为此，你要告诉自己：我是最棒的，拥有这样的信念，无论何时，你都能有优秀的表现，都会挖掘出你意识不到的潜力。试想，一个对自己的未来都没有强烈信心的人，又怎么能征服别人呢?

美国钢铁大王卡内基，少年时代从英格兰移民到美国，当时真是穷透了，正是“我一定要成为大富豪！”这样的信念，使得他于19世纪末在钢铁行业大显身手，而后涉足铁路、石油，成为商界巨富。

信念是一种无坚不摧的力量，当你坚信自己能成功时，你必能成功。很多人一事无成，就是因为他们低估了自己的能力，妄自菲薄，以至于缩小了自己的成就。信心能让人充满勇气，获得成功的契机。信心是成功的基石，以信心克服所有的障碍。

一位音乐系的学生走进练习室。在钢琴上，摆放着一份全新的乐谱。

“超高难度……”他翻着乐谱，喃喃自语，感觉自己对弹奏钢琴的信心似乎跌到了谷底，消磨殆尽。已经三个月了！自从跟了这位新的指导教授之后，他不知道，为什么教授要以这种方式整人？勉强打起精神。他开始用自己的十只手指头奋战、奋战、奋战……琴音盖住了练习室外面教授走来的脚步声。

指导教授是个极其有名的钢琴大师。授课的第一天，他给自己的新学生一份乐谱。“试试看吧！”他说。乐谱的难度颇高，学生弹得生涩僵滞、错误百出。“还不熟，回去好好练习！”教授在下课时，如此叮嘱学生。

学生练习了一个星期，第二周上课时正准备让教授验收，没想到教授又给了他一份难度更高的乐谱，“试试看吧！”上星期的功课教授提也没提。学生再次挣扎于更高难度的技巧挑战。

第三周。更难的乐谱又出现了。同样的情形持续着，学生每次在课堂上都被一份新的乐谱所困扰，然后把它带回去练习，接着再回到课堂上，重新面临两倍难度的乐谱，却怎么样都追不上进度，一点也没有因为上周的练习而有驾轻就熟的感觉，学生感到越来越不安、沮丧和气馁。教授走进练习室。学生再也忍不住了。他必须向钢琴大师提出这三个月来何以不断折磨自己的质疑。

教授没开口，他抽出了最早的那份乐谱，交给学生。“弹奏吧！”他以坚定的目光望着学生。

不可思议的事情发生了，连学生自己都惊讶万分，他居然可以将这首曲子弹奏得如此美妙、如此精湛！教授又让学生试了第二堂课的乐谱，学生依然呈现出超高水准的表现……演奏结束后，学生怔怔地望着老师，说不出话来。

“如果，我任由你表现最擅长的部分，可能你还在练习最早的那份乐谱，不可能有现在这样的程度……”钢琴大师缓缓地说着。

从这个故事中，我们发现，人，往往习惯在自己熟悉的领域表现自己的能力并驾轻就熟。而事实上，如果我们自信一点，并能把压力转化为动力，那么，我们便能挖掘出无限的潜力，甚至可以超水平发挥！曾经有位军人这样说：“我打了那么多次胜仗，其实说起来毫无秘密，因为我总能看到希望。”这就是信念的力量。

这个故事同样也告诉年轻人，人的潜力是无限的，如果你对自己有足够的信心，你就会发挥出自己的潜能，原来自己可以做到很多事情，如果你想拥有辉煌的人生，那就把自己扮演成你心里想成为的那个人，让一个积极向上的自我意象时时伴随着自己。

生活中的每一个年轻人，都要有成功的强烈愿望，那么，你会让他人更容易相信你的能力，因而也会获得更多的锻炼机会，也会更容易成为一个有能力的人。

除非你放弃，否则你就不会被打垮

英国著名剧作家王尔德曾说：“自信和希望是青年的特权。”这句话的意思是，年轻人应该是富有青春气息和活力的，应该充满自信，对未来满怀希望。确实，无论发生什么事，无论身处多么困难的境地，自信和希望都能引领我们渡过难关。生活中的每一个年轻人，你的人生旅程才刚刚开始，一定要把自己培养成一个自信、勇敢的人。

一位老人，已经七十多岁，当自己的手因为关节炎而不得不放弃刺绣，她看到人生新的希望，她发现自己热爱绘画，并且她的画作被人赏识，她敢想敢做，毅然决定投身于绘画事业，实际上，她从未接受过任何正规和专业的绘画训练，在刚开始绘画的时候，她困难重重，但她从未放弃，即便在她生命的最后一段时间，她依然保持学习的态度，用敏锐的眼光去观察周围的事物，并努力将它们留在画纸上。

摩西奶奶告诉所有年轻人，除非你放弃，否则你就不会被打垮。的确，一个人能否做成、做好一件事，首先看他是否有一个好的心态，以及是否能认真、持续地坚持下去。信心大、心态好，办法才多。所以，信心多一分，成功多十分；投入才能收获，付出才能杰出。永远不要被缺点所迷惑。当然，成功卓越的人只有少数，失败平庸的人却很多。成功的人在遭受挫折和危机的时候，仍然是顽强、乐观和充满自信的，而失败者往往是退却，甚至是甘于退却。我们应该学会自信，成功的程度取决于信念的程度。

生活中的年轻人，有时候，你可能自信心不够，可能一件事情还没做，便去考虑失败后的后果，这样，必然会导致内在潜能得不到充分的调动与发挥。要避免与摆脱这种心理上的失衡，就必须时时表现出一种强者的风范，敢于面对困难与挫折，并始终怀着必胜的信念去克服、战胜困难，坚定不移地朝着成功的目标迈进。因而有意识地培养自己的“强者”意识，可以说，是度过心理危机的良方。

他出生很卑微，是一个私生子，并且相貌很丑陋，言谈举止都不招人喜欢。这些现状都让敏感的林肯感到很自卑，最终，他决定靠自己的力量来补偿这些缺陷，于是，他拼命自修以克服早期的知识贫乏和孤陋寡闻。他借助烛光、水光读书，尽管他的视力大不如前，但知识的营养却让他开始充满自信。他最终摆脱了自卑，并成为有杰出贡献的美国总统。

每个人都有历尽沧桑和饱受无情打击的时候，却很少有人能像林肯那样百折不回。每次竞选失败过后，林肯都会激励自己：“这不过是滑了一跤而已，

并不是死了爬不起来了。”这些词汇是克服困难的力量，更是林肯终于享有盛名的利器。林肯的一生书写了一个伟大的真理：除非你放弃，否则你就不会被打垮。

可见，我们只有自己摒弃自卑，才会成为强者。生活中的年轻人，我们也一定要记住洛克菲勒的话：世界上没有一样东西可取代毅力。才干也不可以。怀才不遇者比比皆是，一事无成的天才很普遍；教育也不可以。世上充满了学无所用的人。只有毅力和决心无往不利。

几年以前一个世界探险队准备攀登马特峰的北峰，在此之前，从来没有人到达过那里。

记者对这些来自世界各地的探险者进行了采访。

一位记者问其中的一名探险者：“你打算登上马特峰的北峰吗？”他回答说：“我将尽力而为。”

记者问另一名探险者：“你打算登上马特峰的北峰吗？”这名探险者答道：“我会全力以赴。”

记者问了第三个探险者同样的问题。他说：“我将竭尽全力。”

最后，记者问一位美国青年：“你打算登上马特峰的北峰吗？”这个美国青年直视着记者说：“我将要登上马特峰的北峰。”

结果，只有一个人登上了北峰，就是那个说“我将要”的美国青年。他想象自己到达了北峰，结果他的确做到了。

信念上超前一些，行动就会领先一步，成功的几率也就越大。成功的秘诀就是，当你渴望成功的欲望就像你需要空气的愿望那样强烈的时候，你就会成功。

威尔逊也有句名言：“要有自信，然后全力以赴！假如具有这种观念，任何事情十之八九都能成功。”在现代社会，任何一个年轻人，要想成就一番大业，单凭单枪匹马的拼杀是不够的，它更需要众多人的支持和合作，这样，自信就显得尤为关键。一个人只有首先相信自己，才能说服别人来相信你；如果连自己都不相信自己，那么这意味着你已失去在这个世界上最可依靠的力量。

我们发现，那些成功者在成功前，都曾受到过冷落和轻视，但是有自信的人，却能够看淡这一切，继续走自己的路，没有人不是经过一番努力，才能获得成功；“天下没有白吃的午餐”，天下更没有“不劳而获”的事情，重要的是，你要有自信，并且相信自己。

畅销书作家刘墉曾经有过这么一段经历：

他的第一本书《萤窗小语》写完之后，原本打算找出版社出版，但却没有得到任何回应，后来，他不得不自己花钱印刷出版，但没想到的是，他的书却大受欢迎，连当初拒绝他的出版社都跌破眼镜。

刘墉对于自己今天的成就，他是这样说的：“幸亏他的退稿，我才有今天。”不过刘墉本人有另一个说法，他说：“当你站在这个山头，觉得另一座山头更高更美，而想攀上去的时候，你第一件要做的事，就是走下这个山头。”所以，即使今天的刘墉已经成功了，但他并没有放弃自己所坚持的，不会因别人的眼光而改变，这才是真正的自信。

无论任何时候，唯有自己相信自己的才华，别人才可能相信你，自己若不放弃，别人又怎么能放弃你呢?

总之，年轻人，你要明白的是，世上最可怕的不是敌人，而是你自己，你脆弱的心是你最可怕的敌人，只要充满自信，内心充满希望，就可以驱散眼前的阴影，使人漂浮于人生的泥沼中而不致陷污，才能收获满满的阳光。现在的你风华正茂，更是朝气蓬勃的年纪，应该给内心注入满满的力量，以轻快的步伐迎接人生的种种挑战。

勇往直前，失去什么都不能失去信念

有人说，人生就如同一杯泡好的清茶，有浮有沉，有高有低，既有高高

在上的显赫与辉煌，也有不高不低的平凡，甚至还有在人生低谷受到的打击，感觉前途灰暗时的自卑与放弃，但人生又能有几次大起大落？可是，如果缺少这些快乐与痛苦，伤心与激动，那一个人的一生就不算是一个完整的人生。任何人的人生之舟并不是一帆风顺的。他们走过了许多坎坷，许多悲伤，许多忧虑……成功总是青睐那些走出人生低谷，勇往直前的人。当然，有人成功就必然有人失败，一部分人的一生都未走出人生的低谷，导致一辈子都庸碌无为，因为他们缺少一种精神——达观。

相信不少初入社会的年轻人都熟悉摩西奶奶的故事，我们所看到的是摩西奶奶在绘画艺术上的天赋和成就，却没有看到一个年逾古稀的老人在拿起画笔的那一瞬间，是需要多大的勇气，我们更没有看到的是，她在做决定时将要面临多大的困难。摩西奶奶从未接受过专业的绘画训练，也没有任何绘画基础，但她从未放弃过绘画，正如她所说，她把绘画当成一种发自内心的信念，所以即便这一坚持是寂寞的，但也是快乐的。

生活中的年轻人，当你感到困惑时，不妨看看摩西奶奶的故事，也许她能告诉你答案。石油大王洛克菲勒也说：“只要不变成习惯，失败是件好事。”这句话的含义就是，在追求人生目标的过程中，任何痛苦和逆境都是有意义的，你现在所受的痛苦，不是毫无意义的。人生不如意事十之八九。人的一生会遇到许许多多的痛苦，这是我们无法避免的。痛苦可以让人颓废，也可以激发人的斗志。痛苦磨练了人的意志，让人们不会轻易的被困难所打倒。

年轻人，你要记住的一点是，失败不可怕，可怕的是一蹶不振，失去信念。

爱迪生曾经长时间专注于一项发明。对此，一位记者不解地问：“爱迪生先生，到目前为止，你已经失败了一万次了，您是怎么想的？”

爱迪生回答说：“年轻人，我不得不更正一下你的观点，我并不是失败了一万次，而是发现了一万种行不通的方法。”

在发明电灯丝时，他也尝试了一万四千种方法，尽管这些方法一直行

不通，但他还是没有放弃，而是一直做下去，直到发现了一种可行的方法为止。他证实了大射手与小射手之间的唯一差别：大射手只是一位继续射击的小射手。

对于初入社会的年轻人来说，困难和挫折对于成长来说是一所最好的学校，在这所学校里，“艰难困苦，玉汝于成”。没有尝过饥与渴的滋味，就永远体会不到食物和水的甜美，不懂得生活到底是什么滋味；没有经历过困难和挫折的人，永远体会不到成功的喜悦；没有经历过苦难，就永远不可能懂得什么叫幸福。处于这个阶段的年轻人，你应该明白一个道理，意志薄弱者，最终都会与成功无缘。因此，即使你渴望人生的道路上充满笑脸和鲜花，但生活是无情的，每个人的人生路上都会遇到各种各样的苦难，畏惧苦难的人将永远不会得到幸福。

因此，在日常生活中注意培养自己的坚强意志，提高耐挫力，是极为必要的。

杰克·韦尔奇在全球享有盛名，他被誉为“全球第一CEO”、“最受尊敬的CEO”、“美国当代最成功、最伟大的企业家”。

每个人的成长过程中总有一些回忆，韦尔奇也有，他曾经这样回忆自己的一段经历：“我是个自信的人，但我也有缺乏自信的时候，我记得那是1953年的秋天，那是我上马萨诸塞大学的第一周，我很想家，我想母亲，我住不惯。我的母亲是个很爱孩子的女人，他从家要开车三个小时才能到我的学校，但她经常不辞劳苦来看我，给我打气。”

面对沮丧的儿子，他的母亲说：“你看看你周围的这些同学，他们也是离家很远，但他们却没有你这么想家，你要努力，表现的要比他们还出色。”尽管韦尔奇当时并不是很出色。

母亲的这番话确实对韦尔奇产生了作用，不到一个星期，韦尔奇就振作起来，他信心十足地融入到周围同学中，并且，在第一学期的期末考试中，他的成绩还不错。

对于韦尔奇来说，他母亲的这番话是有力的，因此，他受到了极大的鼓舞。

从韦尔奇的经历中，年轻人，你应该有所启发：人生没有过不去的坎，跌倒了再爬起来，重新整理好自己，勇敢地去迎接挑战，就能赢得属于自己的辉煌。

当然，处在人生的低谷，首先我们要做的就是坦然地接受。因任何事情的存在，都必定会产生一些影响，我们要做的就是承认这种影响，承认我们正走在人生的低谷期。比如当你深爱的人刚刚去世或你感到死亡正在向你靠近，你肯定不会感到幸福，这是不可能做到的，但是你可以臣服于它，处在一种平和宁静的状态中。相反，你越是抗拒，这一事情对你产生的影响就越持久，比如，你越是不相信你的爱人已经去世，越是陷在这种痛苦的泥潭中不可自拔。当然，承认低谷的存在与“我不愿再烦恼了 ”、“我不可能再发展了，就接受这种状态吧” 这种态度是不一样的，这意味着你要接受那些你不能改变或当下改变不了的现实，不断的臣服于当下，不断的采取积极的行动，直到你取得理想的结果。

其次，我们要相信自己能走出低谷，相信我们会有成功的那一天，虽然现在正处于不良的情况中，但是自己一定能过这个坎，而且通过这些事你会变得更成熟更稳重。

再者，陷入人生低谷时，应该是你重新审视自己、反省自我并调整自己的时候，成长来自于磨难。

那么，当我们陷入低谷的时候，该怎样让自己变得积极起来呢？实际上，我们都知道，这是不容易的，但你可以缩短低谷期的时间，为此，你必须跨出第一步，可以通过转移注意力的方式。做自己喜欢做的事情，你可能会想，我厌恶极了现在的工作，那么，你总有喜欢做的事情，不管是学外语，或者是学做料理，煮咖啡，登山，运动……只要能让自己变得积极一点，你就应该马上跨出一小步，给自己注入积极的汤剂。

Part 7

要行动了吗，还是留在原地再想想

我们的生活中，有不少年轻人都感叹摩西奶奶的成就，诚然，摩西奶奶是个敢于追逐梦想的人，她敢想敢做，即便年逾古稀，依然有着很强的决断力和执行力，这是很多年轻人应该学习的。有位伟人说过：“世界上只有两种人：空想家和行动者。空想家们善于谈论、想象、渴望、甚至于设想去做大事情；而行动者则是去做。”也许有人会说，我还年轻，有大把的时间，但你可能还没有意识到的是，现在的你还是聪明的，但如果你不立即去做的话，青春只会白白浪费掉。而如果你能培养出高效执行力的话，一切都会随之而来。

动起来，别让懒惰耗尽了你的生命

人们常说，人生苦短，行色匆匆，有的人青云直上、事业有成，有的人庸庸碌碌、毫无作为，这两种完全不同的人生情景，实则来源于决然不同的两种人生态度，前者珍惜时间、勤奋拼搏；后者则懈怠拖延、行动迟缓。我们每个人每天都只有24个小时，转瞬即逝，成功人士的共同点之一，就是善于高效地运用时间。不会管理时间，便什么都做不好。但管理时间的第一步，就是要学会珍惜时间。勤奋可以使聪明之人更具实力，而相反，懒惰则会使聪明之人最终江郎才尽，最终成为时代的弃儿。生活中的人们，如果你是个懒惰的人，那么，从现在起，你最大的任务就是克服自己的惰性。

摩西奶奶成功后，受到了外界的众多关注，很多渴望成功的年轻人希望从她身上获取一些经验，但摩西奶奶并未多说什么，让人印象深刻的一句话是："珍惜你现在美好的时光。"事实上，摩西奶奶也是这样做的，即便垂垂老矣，但是她依旧坚持不断地绘画，每天都在学习，学习绘画技巧，学习如何观察物体，这才有了摩西奶奶成功的神话。

珍惜现在的时光，就是要告诫年轻人，一定要从现在开始，立刻行动起来，时光易逝，烟花易老，千万别让懒惰耗尽了你的生命。

然而，我们不得不承认的是，生活中，每个人都有懒惰的心理，这是人类的天性。面对惰性行为，有的人浑浑噩噩，意识不到这是懒惰；有的人寄希望于明日，总是幻想美好的未来；而更多的人虽极想克服这种行为，但往往不知道如何下手，因而得过且过，日复一日。但实际上，只有那些能与惰性作斗争

并最终克服惰性的人，才能走向成功。李嘉诚就是最好的例子。

有位记者曾问亚洲首富李嘉诚："李先生，您成功靠什么？"李嘉诚毫不犹豫地回答："靠学习，不断地学习。"不断地学习知识，是李嘉诚成功的奥秘！

李嘉诚勤于自学，在任何情况下都不忘记读书。青年时打工期间，他坚持"抢学"，创业期间坚持"抢学"，经营自己的"商业王国"期间，仍孜孜不倦地学习。李嘉诚一天工作十多个小时，仍然坚持学英语。早年在办塑料厂时就专门聘请一位私人教师每天早晨7点30分上课，上完课再去上班，天天如此。当年，懂英文的华人在香港社会是"稀有动物"。懂得英文，使李嘉诚可以直接飞往英美，参加各种展销会，谈生意可直接与外籍投资顾问、银行的高层打交道。如今，李嘉诚已年逾古稀，仍爱书如命，坚持不断地读书学习。

一个人不可能随随便便成功，李嘉诚向每个渴望成功的年轻人展示了这个道理。我们都很惊羡于李嘉诚式的成功，但却做不到李嘉诚式的努力与勤奋。那么，你不妨问问自己：你能和李嘉诚一样勤奋吗？你能不为自己的懒惰找借口？如果你的回答是否定的，那么，你就知道症结所在了。

事实上，懒惰是所有强者的宿敌，很多懒惰的年轻人在心理态度方面都有问题。他们吝于在工作或职业上使出全力，觉得如果尽力而未能成功，就会很丢脸面。他们的理由是，既然未曾尽力，那么失败了也可以振振有词，不愁找不到借口。他们并不觉得失败，因为他们从未认真地去做过。他们时常耸耸肩膀说："这对我没有什么两样。"而这样的人，是终将一事无成的。

曾经有人说："懒惰是最大的罪恶，上帝永远保佑那些起得最早的人。"懒惰是现代社会中很多年轻人共同的缺点，他们总是为自己的懒惰找借口，而正是因为如此，他们最终也丧失了很多可能成功的机会。因为人的一生，可以有所作为的时机只有一次，那就是现在。

要克服惰性心理，首先就要认识到它的负面效应。懒惰拖延并不能帮助我们解决问题，也不会让问题凭空消失，它只是一种逃避，甚至会让问题变得更

严重，那么，你为什么还要逃避呢？

接下来，我们该怎样克服惰性呢？你如果有兴趣坚持尝试一周以下方式，你会发现你整个人会很不同了。

先可以用一天到两天时间给自己做一个行为记录，把你通常每天要做的事情记下来，包括记录你所有的生活活动。这样，即使粗粗地记，大约也会有几十件。然后把其中一些吃饭穿衣等必须完成的事情剔除。此后，你把剩余下来的几十件事情按照你的兴趣排列，把你最不喜欢做的事情放在第一位，把你最喜欢做的事情放在最后一位。

最后，你就可以在以后一周内进行行动了。每天一早起来，从你最不喜欢的事情开始做起，并且坚持做完第一件事情，再做第二件事情……一直做到最后一件你喜欢的事情。

在整个过程中，你开始会稍觉得困难，但你只要花很少的力气稍稍坚持，你就能顺利进行下去。千万在中途不要跳跃那些你不喜欢做的事情。

这种方式是一种强化作用的方式——先处理困难的事情，再处理稍困难的事情，那是一种对于前面行动的强化，然后继续，强化的效果会越来越大，一直大到你觉得你有力量来完成任何事情。

对于改变惰性生活方式，这种方式具有很大的效果。而对于经常有抑郁心情的人，这种生活方式将直接改变抑郁的行为，很容易使抑郁的情绪结束，而只要坚持，抑郁的生活方式就会永远结束。通过结束惰性或抑郁的行为，而结束惰性或抑郁的心理。

最后，当你真正做到能自制的时候，你可以自我奖励一番，当你能坚持一段时间的时候，你可以及时肯定自己，然后记录进步，在获得某种成就感之后，你会找到继续努力的动力。如果你试试，并且多一些坚持，你将发现，生活着，工作着，是多么轻松有趣的事情！

明日复明日，明日何其多

明代大学士文嘉曾写过一首著名的《明日歌》：“明日复明日，明日何其多，我生待明日，万事成蹉跎。世人若被明日累，春去秋来老将至……”这句话的含义是，时光易逝，任何事都要立即去做，拖延只会拖垮我们的人生。现代社会中，不少年轻人，他们似乎总是那么忙碌，但是为什么事情到最后的时候才开始着手？实践告诉我们，不是时间不够、事情太多，要命的是我们总在拖……拖延是偷窃时间的贼。不知你是不是有这样的体验，越是手边的事情多的时候就越容易走神，比方上网看看新闻，查查邮件，回复邮件。真正该做的事情要么难以进行，要么就不想开始。生命就在这样的拖延中浪费了。

摩西奶奶告诉每一个正值青春的年轻人，在年轻的时候就要学习，就要充实自己的每一天。可能我们看到更多的是她成名后的光环，却不曾想到，年轻时候的摩西奶奶，即便只是一名普通的农妇，但她却生活得开心、快乐，她一直用自己最勤劳的双手去工作、照料孩子，经营生活，就凭这一点，就是我们年轻人真正要学习的。

鲁迅说过：“伟大的事业同辛勤的劳动成正比，有一份劳动就有一分收获，日积月累，从少到多，奇迹就会出现”。生活中的年轻人，无论是工作、生活还是学习，大事还是小事，凡是应该立即去做的事情，就应该立即行动，决不拖延，要尽全力日事日清。的确，我们的一生中，确实有很多个明天，但如果把什么都放在明天做，那明天呢？明天的明天呢？有句话说得好，“我们活在当下”，明天属于未来，我们只有把握好现在，才能决定明天的生活。

有一个关于寒号鸟的传说。

这种鸟与众鸟不同，它长着四只脚，两只光秃秃的肉翅膀，不像一般的鸟那样拥有轻盈的翅膀，不会在天空飞行。其实，寒号鸟原本不是这样的。

夏天的时候，寒号鸟比其他鸟类更漂亮，它全身长满了绚丽的羽毛，样子

十分美丽。因此，寒号鸟骄傲的不得了，认为自己已经是最漂亮的鸟了，甚至不把鸟类之王——凤凰放在眼里，它每天也不干活，只是炫耀自己的美貌。

夏天过去了，秋天到来，所有的鸟类都各自忙开了，它们有的开始飞向南方避寒，也有的在准备过冬的食物。而只有寒号鸟，既没有飞到南方去的本领，又不愿辛勤劳动，仍然是整日东游西荡的，还在一个劲地到处炫耀自己身上漂亮的羽毛。

冬天终于来了，大雪纷飞，天气寒冷极了，所有的鸟类都躲起来过冬了，这时的寒号鸟，却饥寒难耐，而且，身上美丽的羽毛也都掉光了，它更冷了，只有躲在石缝里避寒，它不停地叫着："好冷啊，好冷啊，等到天亮了就造个窝啊！"等到天亮后，太阳出来了，温暖的阳光一照，寒号鸟又忘记了夜晚的寒冷，于是它又不停地唱着："得过且过！得过且过！太阳下面暖和！太阳下面暖和！"

整个冬天，寒号鸟都这样凄惨地过着，过一天是一天。等到春天来临的时候，其他鸟类飞来石缝旁边时，寒号鸟已经冻死在岩石缝里了。

这个寓言故事同样说明了拖延就是对我们宝贵生命的一种无端浪费。几乎每个人都清楚地知道，拖延是不好的习惯，可是，你是否真正思考过，多年来由于拖延为你带来了多大的损失呢?

年轻人，如果你也有拖延症，那么，你必须想方设法将其从你的个性中除掉。如果不下决心现在就采取行动，那事情永远不会完成；当然了，如果你不打算成功、不打算超越他人和自己、不打算改变现状的话，那你可以放任自己的拖延陋习。

其实，拒绝拖延的行为习惯，首先是一个绝不拖延的态度问题，只要你坚持采取这种态度，久而久之就会形成一种习惯，最后，这种习惯就永远融入你的生命里了，成为你展现个人魅力的优秀品质。正如持续改善的正面力量一样，拖延的反面力量同样强大。每天进步一点点，持之以恒，水滴石穿，你也必将能成就自我。而每天拖延一点点，你的惰性会越来越大，长久下去，你将跌入万劫不复的深渊。

而实际生活中，你可以发现，每天还是有那么多的人在浪费着自己的生命。伍迪·艾伦说过："生活中90%的时间只是在混日子。大多数人的生活层次只停留在为吃饭而吃，为搭公车而搭，为工作而工作，为回家而回家。他们从一个地方逛到另一个地方，使本来应该尽快做的事情一拖再拖。"确实，在我们周围，也包括自己，在做事的过程中，因各种事由造成拖延的消极心态，就像瘟疫一样毒害着我们的灵魂，影响和消磨着我们的意志和进取心，阻碍了我们正常潜能的开掘，到头来一事无成，终生无悔

总之，年轻人，如果你想成功或成为你理想中的人，最好的办法是这样开始：播下一种行动，你将收获一种习惯；播下 种习惯，你将收获一种性格；播下一种性格，你将收获一种成功。因为建功立业的秘诀就是：绝不拖延，立即行动！光"说"不"练"肯定不行，这就要求我们平时就要养成立即行动的习惯；一旦发生了紧急事件，或者当机会来临时，能作出强有力的反应，好好把握。同时，当我们对事情有某种想法时，一定要设定完成期限，并告诫自己是无法变更的，这样一来，你就没有再拖延的借口。

有想法就去做，别给一秒的时间迟疑

生活中，我们常常需要做抉择——实行或者不实行，我们总是试图通过最精确地思考，获得我们最想要的结果。事实上，很多时候，正是因为我们思考得太复杂、太精细，反而导致了我们瞻前顾后，丧失行动的勇气，最终，让时间白白流逝，成功的机会也在犹豫不决中失去，留下的也只有遗憾。

摩西奶奶是所有年轻人应该效仿和学习的榜样，我们常为她这样一个老人能在八十岁才开始自己的事业却收获成功而感叹，也常常想到自己为何没有勇

气去做自己想做的事，为何犹豫不决、不敢大胆抉择。摩西奶奶也曾告诫所有年轻人大胆去抉择，大胆去追逐自己的梦想。

生活中，有不少年轻人，却做不到勇敢的抉择，他们常被身边的各种问题困扰、烦心，只因他们太容易被周围人的闲言碎语所动摇，太容易左顾右盼，患得患失，以至于给外来的力量可以左右自己的机会，似乎谁都可以在他们思想的天平上加点砝码，随时都有可能因别人的观点而使自己变卦，致使自己没有坚定的立场，这是成功路上的一大障碍。

年轻人，你是否经历过以下场景：下班后，你需要留下来加班工作，但同时身为你竞争者的同事却一直在给你打电话，约你去喝一杯。你怎么办？你是继续加班还是经不住他的诱惑？如果你选择后者，那么，这只能说明你是个容易被他人影响的人。

成功学创始人拿破仑·希尔说："生活如同一盘棋，你的对手是时间，假如你行动前犹豫不决，或拖延地行动，你将因时间过长而痛失这盘棋，你的对手是不容许你犹豫不决的！"

因此，如果你是个珍惜时间和渴望有所作为的人，那么，你就必须努力成为一个有主见人，任何事在做抉择时，如果你左思右量，只能延误时机。的确，在做决定前，一定要思虑周全，但千万不能瞻前顾后。所谓不要瞻前顾后，就是不要考虑别人如何评价我们、如何看待我们、我们能得到什么回报、获得什么奖励表扬荣誉。别人给予的评价是在事情完成之后，而不可能在行动之前或同时；而且是在事情完成之后很久，才会有客观的、中肯的评价。那些当时给予的表扬和奖励都是鼓励性质的，不是真正客观的、准确的评价。

《聊斋志异》中的一则故事：

两个调皮的牧童进了深山，看到一个狼窝，发现了两只小狼崽。他们准备带走这两只小狼崽，老狼看到后，心急如焚，就准备抢回小狼崽。

聪明的牧童，他俩各抱一只小狼崽分别爬上大树，两树相距数十步。老狼在树下准备救狼崽，但却发现两只狼崽被放在不同的树上。

一个牧童在树上掐小狼的耳朵，弄得小狼嗷叫连天，老狼闻声奔来，气急败坏地在树下乱抓乱咬。此时，另一棵树上的牧童拧小狼的腿，这只小狼也连声嗷叫，老狼又闻声赶去，就不停地奔波于两树之间，终于累得气绝身亡。

这只狼之所以累死，原因就在于它企图救回自己的两只狼崽，一只都不想放弃。实际上，只要它守住其中一棵树，用不了多久就能至少救回一只。

我们没有理由说狼很笨。有时人比狼都笨。古人讲："用兵之害，犹豫最大；三军之灾，生于狐疑。"就是这个道理。

可见，我们在做判断的时候，对世俗复杂环境能避开的就避开，不要轻信别人的胡言乱语，人要有自己的主见。你要有坚定的信念，只有自己当机立断，相信自己的判断和能力，远离小人，你的事业才会成功。

这个道理同样可以运用到如何抓住机遇上，在你决定做一件事情之前，应该运用全部的常识和理智慎重地思考。如果发现好的机会，就必须抓紧时间，立即采取行动，才不致于贻误时机。如果犹豫、观望而不敢决定，机会就会悄然流逝，后悔莫及。瞻前顾后的行动习惯使人丧失许多机遇，很多时候，很多事情，只要我们能横下心去做，事情的结果就会大不相同。

在工作和生活中，不乏这样的年轻人，他们想法很多，行动却很少。因为他们在准备实践的时候，总是反复权衡利弊，再三仔细斟酌，甚至举棋不定，而这样，肯定会贻误良机，后悔莫及。最大的成功不属于那些嘴上说得天花乱坠的人，也不属于那些把一切都设想得极其完美的人，而完全属于那些脚踏实地去干的人。其中，成功素质不足、自信不足、心态消极、目标不明确、计划不具体、策略方法不够多、知识不足、过于追求完美，这些都是他们犹豫不决、不敢行动的原因。

如果可以有效运用自己的独立思考能力，首先要培养自己正确的思维判断能力，但最关键的还是要坚定、勇敢、自信地去付诸行动。对一个坚定朝着自己目标前进的人，别人一定会为他让路，而对一个踌躇不前，走走停停的人，别人一定会抢到他前面去，决不会让路给他。

那么，如何克服犹豫不决呢？经验证明以下方法卓有成效，不妨一试：做事时，要有“今天是我们生命中的最后一天”的“荒诞”意识。

“假如今天是我生命中的最后一天”，这是美国畅销书《世界上最伟大的推销员》的作者奥格·曼狄诺警示人生的一句话。无论是谁，无论是想做一件什么事，如果优柔寡断的话，必定一事无成，而这种意识，恰恰似一把利刃，可立即斩断你混乱的思绪，也像一口警钟，督促你当机立断，刻不容缓。

同时你还要放下包袱不顾一切，要有一种豁出去的心态。“大不了就是做错了”、“大不了就是被人笑话一顿”，而这些又能对你怎么样呢？一旦你有了这种意识，肯定就可以敢做敢当，优柔寡断的现象也会在你身上消失得无影无踪。

不要小看了优柔寡断的习惯给我们带来的副作用，很多改变命运的契机，都因为我们的优柔寡断而与我们失之交臂，永不再来。

总之，年轻人，你需要明白的是，培养自己的执行力极为重要，机会稍纵即逝，并没有留下足够的时间让我们去反复思考，反而要求我们当机立断，迅速决策。如果我们犹豫不决，就会两手空空，一无所获。

立即行动，一秒钟也不能耽误

当今社会，市场竞争异常激烈，市场风云瞬息万变，市场信息流的传播速度大大加快。可以说，谁能抢先一步获得信息、抢先一步做出调整以应对市场变化，谁就能捷足先登，独占商机。如果你是一个渴望在竞争中获胜的人，你就应该明白一点，这是一个“快者为王”的时代，速度已成为一个人生存乃至发展的基本法则。而要做到这点，你就要做到立即行动，毫不犹豫，与此同时，你还要着力培养自己的判断力和执行力，以提高成功的可能性。

生活中，大部分人都很希望能和摩西奶奶一样成功，但只愿意做很少的努力。可能我们每个人看到的都只是一夜成名的摩西奶奶，而很少看到摩西奶奶背后付出的努力，我们最应该从摩西奶奶身上学到的应该是她的勇气和执行力，一个从未拿过画笔的老太太，能毅然决然地投身于绘画事业，这就是执行力。

为此，摩西奶奶告诫年轻人一定要勇敢，想去做什么就一定要去做，而不应该让机遇从身边溜走。

约翰·沃纳梅克——美国出类拔萃的商业家这样说："没有什么东西你是想得到就能得到的。"比尔·盖茨说："你不要认为那些取得辉煌成就的人有什么过人之处，如果说他们与常人有什么不同之处，那就是当机会来到他们身边的时候，立即付诸行动，决不迟疑，这就是他们的成功秘诀。"成功的人与那些蹉跎人生的人最大的区别，就是——行动！如果你能追溯那些成功人士的奋斗之路，你就会感叹："难怪他会做得这么好！"怎样才能获得最大的成功呢？是立即行动！生活中的年轻人，不要再感叹时光荏苒，从现在起，立即行动吧，一秒钟也不要耽误，也许下一刻就会成功！

不得不说，很多时候，我们经常浪费太多的时间来预测未来，以致延误了做出决策的时机。我们先来看下面这个故事：

王安博士是华裔电脑名人，在他6岁时，曾有一件影响他一生的事。

一天，他外出玩耍，经过一棵大树时，突然掉到他头上一个鸟巢，从里面滚出了一只嗷嗷待哺的小麻雀。小孩的心是善良的，于是，他决定把它带回家喂养，便连同鸟巢一起带回了家。

王安走到家门口，忽然想起妈妈不允许他在家里养小动物。所以，他轻轻地把小麻雀放在门后，急忙进屋去请求妈妈，在他的哀求下妈妈破例答应了儿子的请求。王安兴奋地跑到门后，不料小麻雀已经不见了，一只黑猫正在意犹未尽地擦拭着嘴巴。

王安为此伤心了很久。

这件事给了他很大的教训：只要是自己认定的事情，绝不可优柔寡断。犹豫不决固然可以避免做错事的机会，但也失去了成功的机会。

也就是因为他记住了这个教训，所以王安在人生的道路上成就了一番大事业，成为了华裔电脑界的名人……

这只是一件小事，但也告诉年轻人，我们的一次迟疑很可能就延误了行动的最佳时机。行动的天敌就是拖延，停止拖延的最好方法就是马上付诸行动。犹太人占全球的1%，但全球7%的财富在他们手中，因为他们是行动的主人。犹太人做任何事都尽最大的努力，从来不把今天的事留给明天。从不拖延，今日事今日毕。同时，我们做事要坚决果断，这是成功者最为重要的内在素质。

有人说世界上的人分别属于两种类型。成功的人都很主动，我们称他为“积极主动的人”；那些庸庸碌碌的普通人都很被动，我们叫他“被动的人”。仔细研究这两种人的行为，可以找出一个成功原理：积极主动的人都是不断做事的人。他真的去做了，直到完成为止。被动的人都是不做事的人，他会找借口拖延，直到最后他证明这件事“不应该做”、“没有能力去做”或“已经来不及了”为止。

有人说天下最悲哀的一句话就是：我当时真应该那么做却没有那么做。每天都可以听到有人说：“如果我在那时开始那笔生意，早就发财了！”或“我早就料到了，我好后悔当时没有做！”一个好创意如果胎死腹中，真的会叫人叹息不已，永远不能忘怀，感到遗憾。如果真的彻底施行，当然也会带来无限的满足。

那么，该怎样克服拖延的坏习惯呢？以下几点可供我们参考：

1.承认自己有拖延的习惯，有意愿克服才能成功解决问题。

2.找到拖延的原因。很多人迟迟不敢动手，是因为害怕失败，如果是这一原因，那么，你就应强迫自己做，假想我这悠扬事就非做不可，这样你终会惊讶事情竟然做好了。

3.严格的要求自己，磨练你的毅力。爱拖延的人多半都是意志薄弱的，当

然，磨练自己的意志并非一朝一夕就能做到的，需要你从小事、简单地事做起，并坚持下来。

4.不要总为自己找借口。例如“时间还早”，“现在做已经太迟了”，“准备工作还没有做好”，“这件事做完了又会给我其他的事”等等，不一而足。

5.避免做了一半就停下来。这样很容易让人对事情产生厌烦感。应该做到告一段落再停下来，会给你带来一定的成就感，促使你对事情感兴趣。

事实上，一个人之所以拖延、不立即执行，并不是能力的不足和信心的缺失，而是在于平时养成了轻视工作、马虎拖延的习惯，以及对工作敷衍塞责的态度。要想克服这一点，必须要改变态度，以诚实的态度，负责、敬业的精神，积极、扎实的努力，才能做好工作。

总之，年轻人们，你若渴望获得一番成就，都要有强有力的执行力。因为执行是最重要的，执行力就是竞争力，成败的关键在于执行。

条理清晰，分清事情的轻重缓急

相信不少年轻人都羡慕摩西奶奶的成功，她不仅是受人敬仰的艺术家，其人格魅力更是感染了我们。摩西奶奶热爱艺术，热衷于绘画事业，但摩西奶奶同样看重家庭，正如她所说的，她是十个孩子的母亲，是农民的妻子，即便成名之后，她依然是孩子们唠叨的祖母。摩西奶奶深知如何平衡家庭和事业的关系，这一点，是很多年轻人应该学习的。

现代社会，时间已成为一种有限的资源，时间就是金钱，时间就是生命。然而，我们发现，不少初入社会的年轻人总是觉得自己很忙、时间不够用，总是觉得效率不高，最重要的是，一些在他们看来重要的事似乎总是被遗忘，这

是为什么呢？其实，这主要是因为人们总是习惯把那些最重要的事情放到最后处理，而人的精力是有限的，当我们工作一段时间后，势必会感觉疲乏，那些最重要的事也就无心处理了。

因此，年轻人，如果我们在做事之前先静下心来，理清思绪，合理安排，列出事务处理的先后顺序并将重要的事优先处理，那么，事情往往会达到事半功倍的效果。

这天，伯利恒钢铁公司总裁查理斯·舒瓦普去会见效率专家艾维·利。

见面不久，艾维·利就称他能帮助舒瓦普把他的钢铁公司管理得更好。而舒瓦普却说自己很擅长管理，不过事实上，他的管理确实不怎么令人满意。他告诉艾维·利，他已经不需要那些书本上的管理知识了，他需要的实际行动，需要的是如何更好地执行计划。

接下来，艾维·利说可以在10分钟内给舒瓦普一样东西，这东西能使他的公司的业绩提高至少50%。然后他递给舒瓦普一张空白纸，说："在这张纸上写下你明天要做的六件最重要的事。"过了一会儿又说："现在用数字标明每件事情对于你和你的公司的重要性次序。"这花了大约5分钟。艾维·利接着说："现在把这张纸放进口袋。明天早上第一件事情就是把这张纸条拿出来，做第一项。不要看其他的，只看第一项。着手办第一件事，直至完成为止。然后用同样方法对待第二件事、第三件事……直到你下班为止。如果你只做完第一件事情，那不要紧。你总是做着最重要的事情。"

艾维·利又说："记住，以后每天你都要这样做，如果你觉得这种方法奏效，那么，请你的职员们也这样做。这个实验你爱做多久就做多久，然后给我寄支票来，你认为值多少就给我多少。"

整个会见历时不到半个小时，但就在几个星期之后，效率专家艾维·利就收到了一张2.5万美元的支票，还有一封信。信上说从钱的观点看，那是他一生中最有价值的一课。后来有人说，五年之后，这个当年不为人知的小钢铁厂一跃成为世界上最大的独立钢铁厂，而其中，艾维·利提出的方法为舒瓦普赚得一亿美元。

生活中很多人都感到时间不够用，觉得自己太忙，但却总是把那些重要的事一拖再拖，以至于总是忙不出头绪来。

我们常常有这样的感触：一天内，我们除了工作外，还需要生活、休息，还需要放松，我们要做的事情实在是太多了。单以工作为例，就有做不完的报表，开不完的会，见不完的客人……

于是，我们会选择做个时间计划表，时间被安排得满满当当，所有事务也都被安排进去，但实际上，我们再执行的时候，依然发现很难完成。这是为什么呢？因为这份计划表缺乏条理性。

无论是工作还是生活，是要有章法的，不能眉毛胡子一把抓，要分轻重缓急！这样才能一步一步地把事情做得有节奏、有条理，达到良好的效果。法国哲学家布莱斯·巴斯卡说："把什么放在第一位，是人们最难懂得的。"那么，我们该如何有计划地安排自己的工作呢？

以下是两个建议：

1.每天开始都有一张计划表，把事情按先后顺序写下来

每天一大早挑出最重要的三件事，当天一定要能够做完。而且每天这三件事里最好有一件重要但是不急的，这样才能确保你不成为急事的奴隶。

把一天的事情安排好，这对于你成就大事情是很关键的。这样你可以每时每刻集中精力处理要做的事。把一周、一个月、一年的时间安排好，也是同样重要的。这样做给你一个整体方向，使你看到自己的宏图。

真正的高效能人士都是明白轻重缓急道理的，他们在处理一年或一个月、一天的事情之前，总是依照分清主次的办法来安排自己的时间。

2.再按照事物紧急和重要程度来安排时间

大致来说，事务可以分为四种类型，管理者应该根据每种事物类型来安排工作的先后顺序。

首先，紧急且重要的事情

这类事指的是火烧眉毛之事，比如，事关企业效益的事、重要会议、设备出故障等。对于这类事，一般都不可马虎，必须花上整天的时间来处理，直到解决为止。

其次，紧急但不重要的事情

对于接打电话、批阅文件、日常会议等事务，也需要管理者尽快处理，但不宜花去过多的时间。

再次，重要但不紧急的事情

有些事务，诸如人才培养、远景规划等，这些事务看起来并不紧急，可以从容地去做，但却是需要管理者下苦功夫、花大精力去做的事，是管理者的第一要务。

最后，不紧急也不重要的事情

包括无意义的会议、可不去的应酬等。对于这类事务，管理者可先想一想："这件事如果根本不去理会它，会出现什么情况呢？"如果答案是"什么事都不会发生。"那你就应该放慢脚步甚至是停止了。

总之，在工作和生活中每天都有做不完的事，唯一能够做的就是分清轻重缓急。要理解急事不等于重要的事情。只要我们合理安排时间，就可以不慌不乱，还会有一些充裕的时间享受生活。

制定计划，别因杂乱而耽误时间

摩西奶奶曾告诉年轻人，一定要珍惜时间，抓住时间的缰绳充实自我。然而，如何珍惜时间，就涉及到时间管理的问题。曾经有这样一句名言："世界上只有两种物质：高效率和低效率；世界上只有两种人：高效率的人和低效率的人。"生活中，每个人都在做事，但做事效率不一。要想做高效率做事的

人，我们首先就要有时间意识，懂得管理时间，制定计划。

我们发现，生活中有这样一些人，他们总是不停地忙碌，连喘口气的功夫都没有，每天早上，他们匆匆忙忙赶到自己的公司，发现办公室一团糟，员工们还未到，于是，他开始亲自打扫办公室，然后整理自己的办公桌，却发现，要整理的东西越来越多；刚刚到了上午，会计将上个月的财务报表拿给他看，他发现，公司规模不大，开支却很大；接着，秘书告诉他下午要会见几个客人，午饭后，他把大部分时间都花在了第一位客户身上，而其他几位客户只能更改再次会见时间……还有一种人，他们却从容、不慌张，早上，他和家人一起吃一顿营养的早餐，然后来到公司，他昨天已经将第二天要准备的事项安排好，于是，即使大家都忙得不停，他还是能有条不紊地进行着自己的工作，没有混乱、矛盾和不必要的重复，一切井井有条地进行着……

身处职场的年轻人，上班族的你，更愿意做哪一种人呢？毫无疑问应该是前者，无论现在的你从事什么工作，正在学习什么，或者你的目标是什么，你如果想更高效地工作、想获得进步，那么，你就要懂得管理时间，学会协调每天的事务，我们先看下面的一个故事：

程成30岁，大学毕业后的他没有和其他同学一样找工作，而是向父母和亲戚朋友借钱开了现在的这家广告公司，目前，他的公司蒸蒸日上，被很多老同学羡慕，而最重要的是，他们发现，程成似乎不像那些民营企业老板一样忙得晕头转向，而是每天有大把的时间，好像他有神仙助手一样。对此，程成坦言：

“经营一家公司，不是你事必躬亲、亲力亲为就能做好，而是要懂得合理安排时间和授权，每天的时间只有24个小时，只有抓大放小、把精力放到最主要的问题上，才能做好事，不至于让自己太忙碌，我喜欢做工作计划表，并把安排给员工的工作内容一并计划进去，有时候，我早晨去一趟公司，安排一下事情就走了，员工照样做的很好。”

程成的故事告诉很多职场年轻人，做好工作的关键就在于规划、安排和管理。

也许你也明白，真正要做好工作并不复杂，真正的难点在于如何将这些事有条理地完成。而效率高的人绝不会盲目着手，而是先找到最佳的方法，从而精简任务、避免浪费时间，才能妥善管理各项工作。要想轻松做好工作，取得成效，不妨从以下几方面入手：

1.制订工作计划

有计划，就是凡事分轻重缓急。先做重要的、紧急的事，按照这一原则逐渐落实工作中的大小事。

2.抓住主要矛盾

做任何工作，都切记不要眉毛胡子一把抓，而要先确定最重要的事。

3.善于做总结

每天工作结束后，都要回顾当天工作的完成情况，然后做好工作总结。

另外，每个人在每天的不同时间段，其精力也不同，做事效率自然不同，为此，可以在最佳的时间段内做那些重要的、能动性强的事情。

此外，在做时间安排时，你还要注意留一些应付意外状况的机动时间，如果日常安排太满，也容易造成身心太过疲惫的状况。也许你是个很会规划时间的人，你会为你的每一段空余时间都做好规划，但你想过没有，朋友的一个紧急电话、生病要看医生或者家里来了一个亲戚，都会打乱你的计划，所以，无论怎么样计划，都不可能把所有要做的事情计划完，不可能把一切安排得天衣无缝。当很多事情面临选择的时候，当有些任务实在无法完成的时候，我们该怎么办？只有回答好了这个问题，我们才能真正理解如何管理时间。这个问题的答案就是：别把日程安排得太满，学会安排一些机动时间。

因此，效率专家建议我们每天都至少要为自己安排一个小时的空闲时间。比如说如果你今天要接待一位客人的话，那么，你在接待完客人之后给自己留出一段空白时间，或者你也可以为自己安排出足够的时间检查邮件及完成一些书面工作。尽量把那些必须完成的工作提前完成，这样在被打断的时候，你就不会过于焦虑或者烦躁了。

再者，你还要学会舍弃一些不必做的事。

将时间记录本拿出来，逐项地问：“这件事如果不做，会有什么后果？”如果认为“不会有任何影响”，那么这件事便该立刻取消。

然而许多大忙人，天天在做一些他们觉得难以割舍的事，比如应邀讲演、参加宴会、担任委员和列席指导之类，不知占去了他们多少时间。其实，对付这类事情，只要审度一下对于组织有无贡献，对于他本人有无贡献，或是对于对方的组织有无贡献。如果都没有，完全可以谢绝。

当然，做了计划后，就一定要按照计划做事，如果还是按照自己的想法做事，那计划就落空了。在完成的计划上，你可以逐一删除，这样能增加你的成就感。

总之，年轻人，初入社会的你每天都要面临大量的工作任务，但我们的能力又是有限的，只有在工作之前就做好规划和安排，才能游刃有余、事半功倍地工作！

Part 8

追随梦想前行，终有一天会到达

>>>>>>>>>

在很多年轻人的心中，摩西奶奶是他们学习的榜样，因为她在七十多岁的年龄还敢于追逐自己的梦想，她满含热情，当然，更重要的是，摩西奶奶确实成功了。的确，梦想可以燃起一个人的所有激情和全部潜能，载她抵达辉煌的彼岸。每一个年轻人，都要尽早为自己树立一个梦想，而最重要的是，无论你拥有什么样的理想，都不要轻易舍弃它。只有坚持，你才能最终用自己的力量去创造自己美好人生。

>>>>>>>>>

先做正确的事，再正确地做事

我们任何一个人都明白，一个人的思维方式决定了一个人的行为方式。思维决定目标，目标指导行动，行动铸就结果。然而，如何做事呢？有人曾这样说："做正确的事，然后正确地做事"本身就是一种思维；做正确的事首先让你知道自己正在向哪个方向前进；正确地做事告诉你怎样到达目的地。所以，做事的准则就是：找对方向，确定目标，做对事，即先做正确的事再用正确的方法做事。

不少年轻人在了解了摩西奶奶的人生经历、欣赏过她的画作之后，都会被摩西奶奶的人格魅力所折服，她曾给很多年轻人这样的忠告："人生最关键的不是你目前所处的位置，而是迈出下一步的方向。"她告诫年轻人，一定要大胆地去尝试和选择，然后确定自己的人生方向，做事也是如此，要先做正确的是，然后再正确地做事。

人生不能没有目标，如果没有目标，你就会像一只黑夜中找不到灯塔的航船，在茫茫大海中迷失方向，只能随波逐流，达不到岸边，甚至会触礁而毁。而在做任何一件事前，我们也都必须做好计划，计划是为实现目标而需要采取的方法、策略，只有目标，没有计划，往往会顾此失彼，或多费精力和时间。我们只有树立明确的目标，制定出详尽的计划，投入实际的行动，才能收获成就感和满足感。

小陆已经是两年来第五次跳槽了。在这两年的时间里，她先后从事了性质不同的四份工作：民办学校的教师、教育机构的咨询员、办公器材的销售员、保险的推销员。这四份工作只有做教师与她的专业对口，其他工作都是在招聘单位急需用人而她也急需工作的时候达成的，那时单位不考虑她的专业，她也不考虑工作的性质，她只看薪水和招聘单位的承诺，只要薪水满意或者未来的薪水可以达到她的满意，她就会去做这份工作。

就这样，她走马灯似的换了四家单位，换了四种工作。

这一次，小陆拿着她的中文简历找到一个猎头，希望猎头能为她翻译成英文的简历。她说她选中了一家各方面都不错的外资企业，薪水尤其诱人，所以想制作一份英文简历试试运气。

这位猎头一看这份简历，发现小陆还是她大学毕业时用的简历，只是在工作经历一栏多了几行字，也只有从工作经历里才能看出这不是一个应届毕业生。猎头摇了摇头。

看到猎头的反应，小陆其实也明白自己的工作经历没有什么说服力，在叙述工作经历的时候一笔带过，而且把自己的四次跳槽进行了排列组合，将四次改成了两次。

这里，单从小陆工作的种类上来看，她所从事的职业无疑是丰富的，经历也是复杂的。但是这种经历在质量上很难让人信服，实在是缺乏说服力。为什么会这样呢？因为她没有明确自己的职业目标，不知道自己要做什么，能做什么，最终导致失去职业发展方向。小陆的经历告诉年轻人，我们要掌握在职场的主动地位，最主要的就是要有一份职业规划。你需要明确制定未来三年、五年甚至十年二十年的职业目标，给自己的职业生涯一个定位。这就是职业规划的作用，它使你能时刻感知自己真实的存在。

美国的一位心理学家曾经指出：“如果一个铅球运动员在比赛的时候没有目标，那么，他的成绩一定不会很好。如果他心中有一个奋斗目标，铅球就会朝着那个目标飞行，而且投掷的距离就会更远。”这个比喻非常形象，它具体的说明了我们做事确立目标的重要性。当我们有了追求的目标时，才会有不懈的努力，向心中既定的目标前进。

那么，生活中的年轻人，具体来说，你该怎么做呢？

1.制订完善的计划和标准

要想把事情做到最好，你心目中必须有一个很高的标准，不能是一般的标准。在决定事情之前，要进行周密的调查论证，广泛征求意见，尽量把可能发生的情况考虑进去，以尽可能避免出现1%的漏洞，直至达到预期效果。

2.制订计划时不要超过你的实际能力范围，而且内容一定要详尽

比方说，如果你想学习英语，那么你不妨制定一个学习计划，安排星期一、星期三和星期五下午5：30开始，听20分钟的英语录音磁带，星期二和星期四学习语法。这样一来，你每个星期都能更实在地接近实现你的目标。

3.做事要有条理、有秩序，不可急躁

急躁是很多人的通病，但任何一件事，从计划到实现的阶段，总有一段所谓时机的存在，也就是需要一些时间让它自然成熟的意思。假如过于急躁而不甘等待的话，经常会遭到破坏性的阻碍。因此，无论如何，我们都要有耐心，压抑那股焦急不安的情绪，才不愧是真正的智者。

4.立即行动，勤奋才能产生行动

我们都知道勤奋和效率的关系。在相同条件下，当一个人勤奋努力工作时，他所产生的效率肯定会大于他懒散的工作状态。高效率的工作者都懂得这个道理，所以，他们能够实现别人几辈子才能够达到的目标。

拆掉思维里的墙，你就能看到新的世界

生活中，我们都有这样的经验，遇到一些棘手的问题，我们常沿着自己的思路寻找解决方法，但结果却是不尽人意甚至让我们走进了死胡同，而当我们回过头来反省时，却发现，原来有一个极为简单的方法。那些原本看似错综复

杂的问题，是我们的思维为其装上了复杂的外壳，如果我们能改变视角，转换思维，那么，问题便能迎刃而解。

相信任何一个年轻人都明白，现代社会，思维是一切竞争的核心，因为它不仅会催生出创意，指导实施，更会在根本上决定成功。它意味着改变外界事物的原动力，如果你希望改变自己的状况，获得进步，那么首先要从改变思维开始。

美国著名的女画家摩西奶奶是很多年轻人学习的榜样，摩西奶奶之所以能成功，她的画作之所以被人们赏识，就是因为她懂得变通思维，懂得将自己熟悉的乡土风情描绘到纸上，她的画风才如此清新质朴。

那么，生活的年轻人，你是否也和摩西奶奶一样，在追逐人生梦想的过程中，是否也懂得变通思维呢？现在，我们来试想一下，当提到铅笔用途的时候，你能想到些什么呢？可能你会说“书写”，但实际上，这只是铅笔的通常用途，你至少可以得出这样多的答案：绘画、当发簪、做书签、当尺子画线，它削下的木屑可以做成装饰画，在遇到坏人时，削尖的铅笔还能作为自卫的武器……所以，千万不要以为铅笔只有一种用途——写字。这就考验了你的思维能力。

上个世纪，在美国西部，掀起了一阵淘金热，千万人涌入那里，虽然成功者不少，但在历史上留名的却很少。但是围绕淘金热成为富人的卖水者、卖牛仔裤的，却成了一个个的传奇被后人敬仰。原因就在于，淘金者干的是力气活，围绕淘金服务的成功者，干的是脑力活，善于思维者才能不断成功。牛仔裤的发明者李维·施特劳斯，就是淘金热里面的不朽传奇。

牛仔裤的发明者李维·施特劳斯。第一个发明牛仔裤的人，创立了著名品牌“Levi’s”，1979年，李维公司在美国国内总销售额达13.39亿美元，国外销售盈利超过20亿美元，雄居世界10大企业之列，他由此成为最富有的牛仔裤大王。

李维斯年轻的时候，带着梦想前往西部追赶淘金热潮。一日，突然间他发现有一条大河挡住了他往西去的路。苦等数日，被阻隔的行人越来越多，到处

是怨声一片。而心情慢慢平静下来的李维斯突然有了一个绝妙的创业主意——摆渡。由于大家急着过河，所以没有人吝啬一点小钱坐他的渡船过河，迅速地，他人生的第一笔财富居然因大河挡道而获得。

一段时间后，摆渡生意开始清淡。李维斯决定继续前往西部淘金。来西部淘黄金的人很多，但西部缺水，可似乎没什么人能想到它。所以，水在这个地方成了最珍贵的东西。他又想出了另一个绝妙的主意——卖水，不久他卖水的生意便红红火火。后来，同行的人已越来越多。终于有一天，在他旁边卖水的一个壮汉对他发出通牒："小伙子，以后你别来卖水了，从明天早上开始，这儿卖水的地盘归我了。"他以为那人是在开玩笑，第二天仍然来了，没想到那家伙立即走上来，不由分说，便对他一顿暴打，最后还将他的水车也一起拆烂。李维斯不得不再次无奈地接受现实。然而当这家伙扬长而去时，他却立即开始调整自己的心态，调整自己注意的焦点，于是，他又有了一个绝妙的好主意——把那些废弃的帐篷收集起来，洗干净后，缝制成衣服，那么一定会有人愿意买。就这样，他缝成了世界上第一条牛仔裤。从此，他一发不可收拾，最终成为举世闻名的"牛仔大王"。

尽管在世界著名服装设计师的名单中并没有李维·施特劳斯，但没有一位服装设计大师的作品能像牛仔裤那样遍及全世界，而且历久不衰。经过140多年的发展，李维公司已发展成为在世界10多个国家和地区开办了近40个生产经营机构的国际公司，年产牛仔裤超亿条。如今，世界上牛仔裤虽已出现众多品牌，但李维斯牛仔裤在世界70多个国家的销售量仍稳居第一。

事实上，生活中，一些人为了使思考的问题更加全面，他们会给问题设置很多规则，而这些规则对于问题的解决却是障碍，为此，你必须解放自己的思维，尝试着从新的角度去思考。

当然，你若想获得灵活的思维，就必须要锻炼自己，以下是几条建议：

首先，敢于否定，打破传统思维。

曾有人这样诠释创新："你只要离开常走的大道，潜入森林，你就肯定

会发现前所未有的东西。”创新的成功，总是包含着创新者强烈的创新意识。要脱传统观念和习惯思维的局限，就要鼓励自己打破思维禁锢，突破常规的路线，激活创新的意识。

其次，善于变通，敢于尝试。

变通思维是创造性思维的一种形式，是创造力在行为上的一种表现。思维具有变通性的人，遇事能够举一反三，闻一知十，做到触类旁通，因而能产生种种超常的构思，提出与众不同的新观念。科学领域中的任何建树，都需要以思维的变通为前提。一般来说，善于运用变通思维，就会起到一种“柳暗花明”的奇妙作用。

总之，在生活中最大的成就是不断地自我改造，以使自己悟出生活之道。在很多情况下，外物是无法改变的，我们能改变的就是我们的思想。在人生道路上，遇到问题，年轻人要学会改变视角、转换思维，往往能得到更好解决问题的方法。

再忙，也不要停止学习

我们任何人都知道，在科学技术飞速发展的今天，知识竞争力已经成为一个人、一个企业、甚至一个国家能否在竞争中获胜的重要因素。而知识尤其是信息技术的更新速度之快，常常让我们应接不暇，危机每天都会伴随我们左右。初入社会的年轻人，也应该有这种危机意识，为此，你只有从现在起，如饥似渴地去学习、学习、再学习，即便再忙也要坚持学习，并把学习当成一辈子的事，才能使自己丰富和深刻起来，才能赢得灿烂的明天和成功的未来。要不断进取、发挥才能，否则将被淘汰。

美国艺术家摩西奶奶至暮年才发现自己有惊人的艺术天分，75岁以后开始

作画，80岁举行首次女画家个人画展。摩西奶奶之所以成功，也绝非偶然，在开始作画后，她每天都努力和坚持绘画，这正如《纽约时报》曾说的：“在她生命的最后几年，她仍然在坚持观察她身边的一切事物，她每天都在坚持画一点画，几乎没有中断。”

生活中的年轻人，你是否能做到和摩西奶奶一样坚持学习呢?

可能现在的你各方面都很优秀，但是千万不能停止学习，激烈的竞争要求你需要不断进步，而求知与不满足是进步的第一必需品。生命有限，维系成功的惟一法门在于终生学习，在新的方向不断探寻、适应以及成长，这样，你将步入新的高度，否则，你将被未来社会淘汰。

现在，只有趁着年轻努力学习，只有稳扎稳打学好各种知识，才能从从容容地去休闲去游玩去消遣。否则，年轻时就开始忙着吃喝玩乐，不干正事，不务正业，那么，只能“书到用时方恨少”，“少壮不努力，老大徒伤悲”了。

当然，年轻人，要坚持学习，你需要首先把学习融入到生活和工作中去。

曾有个青年问苏格拉底：“怎样才能获得知识？”

苏格拉底将这个青年带到海里，海水淹没了年轻人，他奋力挣扎才将头探出水面。苏格拉底问：“你在水里最大的愿望是什么？”

“空气，当然是呼吸新鲜空气！”

“对！学习就得使上这股子劲儿。”

成功，取决于人的能力；而能力，则取决于人的学习——归根到底，成功取决于学习。不断地学习知识，正是成功的奥秘！但学习来不得半点虚伪，只有把学习融入到生活中，引起足够的重视，才能有所成效。

当然，学习和工作是分不开的，学习是为了更好地敬业。

找到一份工作不容易，能“站住脚”更难，如果因为继续深造耽误了目前的工作，与敬业精神就不符，那么就不会有相应的业绩；没有业绩，怎么保证以后能找到更好的职位呢？所以说，学习和敬业不该有任何冲突，学习是为了更好地敬业。

再者，年轻人，你要随时留意身边那些可以学习的内容。学习不一定要脱离现在的工作，更没必要脱产走回学校。因为年龄、经济等条件不允许，我们不可能再重回纯粹的学生时代。随用随学，做有心人，留心身边的人和事，学会随时发现生活中的亮点，并注意总结别人的成功经验，拿来为自己所用，这可能是生活和工作中能让自己进步的最快的一招。

总之，年轻人，跟上时代，并让自己生活有趣、谈话有料的上上之策，就是像摩西奶奶一样不断地学习，给自己充电。一个想要愈变愈好的人，无不希望能够扩大知识领域，并从中获得启示。知识不仅是力量，而且像一面镜子一样可以照见自己的优缺点，让我们不仅拥有自知之明，还能具有先见之明。

记住：始终热爱自己的工作就是创业

我们都知道，任何一个年轻人，都有自己的梦想，都希望做出一番成就，为此，不少人选择创业，一些人确实有所收获，但是现实生活中更多的是那些在平凡岗位上工作的人，其实，始终勤勤恳恳地工作，何尝不是一种创业呢？创业之所以能带给我们喜悦，是因为创业能带来收获，而热衷于自己的工作，也是一种付出，也会带给我们成就感。

晚年才拿起画笔的摩西奶奶是年轻人们学习的榜样，虽然她从未接受过正规的艺术培训，但对美的热爱使她爆发了惊人的创作力，在二十多年的绘画生涯中，她共创作了1600多幅作品。事实上，无论是成名之前最简单的农场生活，还是绘画，都让她感到快乐，这也是摩西奶奶身上所散发出来的精神魅力——永远热爱你的工作。

年轻人，可能现在的你正在从事 项枯燥而繁琐的工作，也许你也羡慕那些创业成功的人，然而，如果你做一行、爱一行的话，你也是一位成功者。苏格拉底说："不懂得工作真义的人，视工作为苦役。"这句话的含义是，工作是否能为我们带来快乐，取决于我们对工作的看法。因为快乐的秘密，不在于做你所爱的事，而在于爱你所做的事。当我们能做到为自己工作，为明天积累时，那么，你将拥有更大的发挥空间，更多的实践和锻炼的机会，找到工作中的乐趣，能够让你在工作岗位上更主动更积极的处理各项事务，为自己不断开创新的工作机会和发展空间。

我们不妨先来看下面一个故事：

很久以前，在西方，有一个人死后来到一个美妙的地方，这里能享受到一切他曾经没有享受过的东西，包括妙龄美女和美味佳肴，还有数不尽的佣人伺候他，他觉得这里就是天堂，可是过了几天这样的生活后，他厌倦了，于是，对旁边的侍者说："我对这一切感到很厌烦，我需要做一些事情。你可以给我找一份工作做吗？"

他没想到，他所得到的回答却是摇头："很抱歉，我的先生，这是我们这里惟一不能为您做的。这里没有工作可以给您。"

这个人非常沮丧，愤怒地挥动着手说："这真是太糟糕了！那我干脆就留在地狱好了！"

"您以为，您在什么地方呢？"那位侍者温和地说。

这则寓言故事是要告诉我们：失去工作就等于失去快乐。但是令人遗憾的是，有些人却要在失业之后，才能体会到这一点，这真不幸！

因此，我们都要明白，工作本身并没有高低贵贱之别。在职业上也没有尊卑。当你意识到自己工作的意义、拼命劳动的时候，自然会得到快乐，这是任何的东西都不能代替的。而有人认为自己所做的工作没有意思或者讨厌它，因而挑剔工作，这样的人，一辈子都不能从事那种付出灵魂的工作，不能享受人生的真正喜悦。

当你抱有这样的热情时，上班就不再是一件苦差事，工作就变成了一种乐趣，就会有许多人愿意聘请你来做你更热爱的事。如果你对工作充满了热爱，你就会从中获得巨大的快乐。设想你每天工作的八小时，就等于在快乐地游泳，这是一件十分惬意的事情!

事实上，工作不仅为我们提供了生存的机会，还让我们找到了在社会中的价值。但实际生活中，并不是所有人都能认识到这一点，他们或因为报酬不理想而放弃现在的工作，或为了前方一个薪资更好的工作而放弃快乐；或在现有的工作上“做一天和尚撞一天钟”、“得过且过”，因为他们工作的目的就是为了每月按时发放的薪水，而你想过没有，你工作得快乐吗?

接下来的四个步骤供你省察一番，让你反省是否知道自己在做什么。试用一点点时间来思考一下，也许你会为你所发现的真象感到惊讶：

首先，保持良好的精神状态迎接每一天的工作。

你要始终确立和保持不甘落后、积极向上、奋发有为的精神状态，清醒地认识自己肩负的责任，切实增强时不我待、只争朝夕的紧迫感，食不甘味、寝不安席的责任感，树立强烈的事业心和进取意识。如果把所从事的工作只当成一个混饭的营生，那么，你就很难有工作积极性，也就很难做好工作。

其次，不要只把注意力放在金钱上。

钱是赚不够的，因此，我们不要把眼光只放在薪金的多少上，而是应该多关注自己创造的价值上，工作带给你的成就感和满足感应该超越金钱上的报酬。

再者，找出你在工作上的重要价值。

请记住一点：当初你为何会接下这份工作?如果这只是一份临时的工作，你是否认真考虑将来你真正想做的是什么事?然后再问你自己：因为我的投入，这份工作是否不一样?正确的价值观在个人成就感及福祉中扮演着重要角色。

检讨自己为何做现有的工作并不代表你不满意这份工作，只是做一些自省工夫。这样的省察会使自我意识带出良性的工作成就感、加深自我实现的意志以及知道自己真正在做什么。

最后，敢于问自己：我做这份工作值得吗?

如果在工作中，你根本发现不了自己喜爱的部分，你正尝试着换另外一份工作，那么，你是否应该考虑一下，是不是由于以下原因：你是不是找错了在工作中努力的方向，而不是这份工作本身的原因？还有你是否喜欢工作中的自己？若答案为否，你能够做一些改变吗？或者问题是出在工作本身吗？你是否要换到另一部门工作？是否有其他的责任使你无法完成该做的工作？也许你只需要重新调整好焦距，审慎地选择你该花费的时间。

总之，生活中的年轻人，你需要以摩西奶奶为奋斗的榜样，要学习她做一行、爱一行的精神。对于工作，我们可以做好，也可以做坏。可以高高兴兴和骄傲地做，也可以愁眉苦脸和厌恶地做。如何去做，这完全取决于我们。所以只要你在工作，何不让自己充满活力与热情呢？

靠智谋取胜，年轻人做事不能蛮干

也许在很多年轻人的心中，摩西奶奶是勇气的化身，但摩西奶奶同时也是个智者，她不仅是个热爱绘画事业的艺术家，更是孩子们爱戴的祖母。每个年轻人都要学习摩西奶奶的智慧，可能现在的你进入社会和职场，深知要努力、勤奋。为此，工作中努力是好事情，但是光努力是不够的，还要多动脑，多思考，这样才能真正做出成绩。

我们必须要承认的是，这是一个充满机遇和诱惑的时代，要想获得成功，首先需要的就是勇气。纵观那些辉煌的成功案例背后，可以发现他们都有一个共同的特质，那就是富于激情、敢于冒险，在与风险的博弈中获得了成功。可能一些渴望成功的年轻人会认为，有斗志、有激情就能成功。其实，一个真正成功的人，必当是二者兼备的。新时代，智慧才是力量。做事离不开智慧谋略，而智慧谋略往往能够决定你究竟能掌控多大成功率。打仗要有勇有谋，同样做事更是如此。在很多情况下，有谋比有勇更为重要。高尔基指出：“唯有思考才能开发出智慧的潜能，才能撞开才智的大门。”

其实，在工作中，我们经常会发现有这样两种人；第一种是埋头苦干，但始终不见成效的人；第二种则能轻松地完成任务，赢得荣耀。即使是同一项任务，后者也可以不费吹灰之力，而前者还没有开始就时不时出现这样或那样的问题。其中的关键，就在于后者用大脑在工作，想方法去解决问题。只有在工作中主动想办法解决困难、问题的人，才能成为公司和单位中最受欢迎的人。

石油大王约翰·洛克菲勒幼年时过着动荡不安的生活，他跟随父母搬迁过好几个地方。11岁时，父亲因一桩诉讼案而出逃。父亲“失踪”后，11岁的洛克菲勒就担起了家里生活的重担。

后来，洛克菲勒在商业专科学校学习了三个月，学会了会计和银行学之后，就辍学了。从学校出来，他到休伊特–塔特尔公司做会计助理。他把工作当成了学习的机会。洛克菲勒认真地听休伊特和塔特尔讨论有关出纳的问题。每次在公司交水电费的时候，老板只看总金额，洛克菲勒却要逐项核查后才付款。一次公司高价购买的大理石有瑕疵，洛克菲勒巧妙地为公司索回赔偿。休伊特很欣赏他，就给他加了薪。

一次，洛克菲勒从一则新闻报道中得知由于气候原因英国农作物大面积减产。于是他建议老板大量收购粮食和火腿，老板听从了他的建议。公司因此而获取了巨额的利润。洛克菲勒要求加薪，遭到了休威的拒绝。于是洛克菲勒离开公司决定创业。洛克菲勒只有800美元，而创办一家谷物牧草经纪公司至少也得4000美元。于是他和克拉克合伙创业，每人各出2000美元。洛克菲勒想办法又筹集了1200美元，才凑够了2000美元。这一年，美国中西部遭受了霜灾，农民要求以来年的谷物作抵押，请求洛克菲勒的公司为他们支付定金。公司没有那么多资金，洛克菲勒从银行贷款，满足了农民的需要。经过一年的苦心经营，获利4000美元。而如今，洛克菲勒中心的53层摩天大楼坐落在美国纽约第五大道上。这里也是标准石油公司的所在地。标准石油公司创立之

初（1870年)仅有5个人，而今天该公司拥有股东30万，油轮500多艘，年收入已达五六百亿美元，可以说，这里的一举一动牵动着国际石油市场的每一根神经。

世界首富比尔·盖茨把洛克菲勒作为自己惟一的崇拜对象：“我心目中的赚钱英雄只有一个名字，那就是洛克菲勒。”有人说：“美国早期的富豪，多半靠机遇成功，唯有约翰·洛克菲勒例外。”因为他懂得用智谋取胜，有一双发现机会的慧眼。他从为别人打工开始，就显示出了与众不同的智慧。后来他又从“英国农作物大面积减产”这一信息中发现了巨大的商机。只有全身心地投入到工作中，不断思考怎样把工作做好的人，才能拥有一双发现机会的慧眼。

可见，成功总是属于那些智慧的人，而不是莽夫。智慧的人从不打无准备之战，因此，在决定做某件事情前，一定会挖掘足够的信息，然后才能够准确预测出“有所作为的风险”和“无所作为的风险”，这样的冒险才是最智慧的选择，才能使自己立于不败之地！

然而，我们也发现，有这样一些年轻人，他们凡事积极进取，但做事容易欠缺考虑，于是，很容易走弯路，而实际上，只有用理性指导激情，才会让成功来得更容易！

克劳塞维茨说：“只有通过智力的这样一种活动，即认识到冒险的必要而决心去冒险，才能产生果断。”不得不承认，敢想敢做，也只有勇者才能事事在先，时时在前，跟近社会，做时代的弄潮儿。每个初入社会的年轻人，若想在当今的社会立足，有所成就，就要不畏惧风雨，不怕挫折，不惧坎坷。但勇敢不等于鲁莽，不等于粗野，它是一种骨气，是一种真正的浩然正气。因此，你不仅需要勇气，还需要智谋，还要有较高思维的头脑，审时度势，运筹帷幄，决胜千里。

那么，年轻人，从现在开始，无论做什么事，都用心、用脑子去做吧。为此，你需要做到：

1.注意方法

西点的布莱德雷说："不仅要达到目的，更要注意方法。"要善于观察、学习和总结，仅仅靠一味地苦干，只埋头拉车而不抬头看路，结果常常是原地踏步。

2.敢于突破

在做事的过程中，我们一定要学会思考，在这个变化剧烈的时代，过去一直遵循的行事方式很可能不再是指引未来行动的金科玉律，而要发现这一点，再也没有什么方法比努力思考、多提问题更好的了。

生活中的年轻人，在赞叹摩西奶奶、洛克菲勒的成功时，也应该有所启发。如果你细细揣摩一下他们的情形，它们看上去都很冒险，似乎有些不可思议，但其实这些都是表面现象。这里我们恰恰看到的是一种敢作敢为人性美的真实体现。

人生只有一次，一定要努力向前

有人说，生命就像一次旅行，在这段旅行中，我们会遇到艰难险阻，会遇到暴风骤雨，会遇到阳光灿烂，会邂逅美丽风景，会遭遇荆棘丛生，但无论如何，只要我们和自己的心灵有约，就会以全身心拥抱生命，即使饱经风霜，我们依然对生命充满热情，感悟生命中的点点滴滴；更能感受到生命之旅中，那些沉重的雨点击打时所带来的震撼和激情。

摩西奶奶一直是很多年轻人学习和效仿的对象，自20世纪50年代起，摩西奶奶就受到公众的关注。那时她的作品开始在美国及欧洲畅销。小时候，她只是作浆果和葡萄素描；成年后她才用上了画笔和油彩。

摩西奶奶在她80岁时即1940年在纽约举办个展，引起轰动。此后她的作品成为艺术市场中的热卖点。上百万张的问候卡纷至沓来。最热门的畅销书、电台与电视台的采访使她比任何其他艺术家都更深入到美国家庭中。她的质朴、诚实，她丰富多彩的晚年生活，无疑是解除冷战时代人们焦虑症的受人欢迎的一管清新剂。

生活中的每一个年轻人，都要学习摩西奶奶的热情，人生短暂、青春易逝，拥抱激情，我们与其空嗟叹，不如抓紧时间、珍惜当下、充实的过好现在，那么，你收获的不只是胜利，还有一份淡然的快乐。

有这样一个年轻人，他认为自己已经看破红尘，每天什么都不干，只是懒洋洋地躺在树底下晒太阳。

有一个智者见到此景，想开导他，于是，就问他："年轻人，你这么年纪轻轻的，怎么不去工作、赚钱？"

年轻人说："没意思，赚了钱还是要花掉。"

智者又问："你怎么不结婚？"

年轻人说："没意思，现在多少离婚的？"

智者说："你怎么不交一些朋友？"

年轻人说："没意思，交了朋友弄不好会反目成仇。"

智者给年轻人一根绳子说："那这样吧，你干脆用他了结生命吧，反正也得死，还不如现在死了算了。"

年轻人说："我不想死。"

智者于是说："生命是一个过程，不是一个结果。"年轻人幡然醒悟。

这就叫"一句话点醒梦中人"。一个年轻轻轻的人，却变得老态龙钟，什么都不愿尝试，对生活失去热情，这样，生命还有什么意义呢？安诺德曾说："世界上最糟糕的事，莫过于人类丧失了他的热情。只要仍保有热情，即使失去了一切，他仍旧能够东山再起。"热情的原义，是"神在其中"，我们原都拥有它，而我们应该做的，便是使它重燃再现。

哲学家尼采曾说过这样一句话："人生在世，最终逃不过一死，所以开朗

生活才最重要。人生总归有终点，所以要努力向前，时间有限，所以要珍惜眼前的机遇。还是把叹息与呻吟留给歌剧演员吧。”这句话的含义是，既然我们无法改变终有一死的结果，我们不如全力向前，珍惜短暂的时间。

全世界最早的现代成功学大师和励志书籍作家、曾经影响美国两任总统及千百万读者的成功学大师——拿破仑·希尔深知成功就是一连串的奋斗。对此他特意讲了一个故事：

“我最要好的朋友是个非常有名的管理顾问。一走进他的办公室，马上就会觉得自己‘高高在上’似的。办公室内各种豪华的摆设、考究的地毯、忙进忙出的人潮以及知名的顾客名单都在告诉你，他的公司的确成就非凡。但是，就在这家鼎鼎有名的公司背后，藏着无数的辛酸血泪。他创业之初的头六个月就把十年的积蓄用得一干二净，一连几个月都以办公室为家，因为他付不起房租。他也婉拒过无数的好工作，因为他坚持实现自己的理想。他也被顾客拒绝过上百次，拒绝他的和欢迎他的客户几乎一样多。就在整整七年的艰苦挣扎中，我没有听他说过一句怨言，他反而说：‘我还在学习啊。这是一种无形的，捉摸不定的生意，竞争很激烈，实在不好做。但不管怎样我还是要继续学下去。’他真的做到了，而且做得轰轰烈烈。我有一次问他：‘把你折磨得疲惫不堪了吧？’他却说；‘没有啊！我并不觉得那很辛苦，反而觉得是受用无穷的经验。’看看‘美国名人榜’的生平就知道，这些功业彪炳千秋的伟人，都曾受过一连串的无情打击。只是因为他们都坚持到底，才终于获得辉煌成果。”

拿破仑·希尔正是希望通过这个故事，告诉生活中的人们，人生短暂，一定要努力向前。成功需要一连串的奋斗，不管遇到什么困难，不忘时刻积累经验、总结教训，做到不断学习。那么，即使失败，你也可更上一层楼，你就一定可以实现你的理想。

生活中，一些年轻人刚踏入社会，他们内心焦虑，担心明天的生活，明天的工作，但实际上，这只不过是杞人忧天，我们谁也无法预料明天，我们所能

掌控的只有当下。而我们若想获得一个成功的人生，不仅要积累基础知识，更要修炼自己的心性，心态改变命运，活好当下，全身心投入你现在的生活和工作才是基础。未来靠的是现在，现在做什么，怎样做，要达到什么目标，才能决定未来是怎样的。

为此，你需要记住：

1.养成勤奋的好习惯

如果勤奋已经成为一种习惯，那么，它也就能变成一种理所当然的事。就像习惯睡懒觉的人认为早起是痛苦的，但习惯于早起的人却把早起当做一件平常不过的事，因为早起对于他们来说已经是一种习惯。

2.要有坚定的决心和持之以恒的毅力

这是老生常谈的话题，但依然重要。那么，如何做到中途不放弃？你要有良好的心态，乐观的精神和自信心。很多人选择目标后又中途放弃，就是因为觉得坚持这么久，没有成果，觉得自己学的没有用。其实，条条大陆通罗马，既然选择了自己的路，就要毫不犹豫地走，一直在原地徘徊，犹豫不决，不知是否该前进，只能让时间白白流走而已。

3.要找到适合自己的勤奋之道，也就是方法

你可以根据自己的性格特征找到一条自己的路。比如在看书上，每个人每天都有自己兴奋点比较高的一段时间，你在这段时间可以看一些自己并不是很感兴趣的书籍，而在心情比较低落的时候看一些自己喜欢的书，调节一下。

4.学习需要专注

攀登峭壁的人从不左顾右盼，更不会向脚下——万丈深渊看上一眼，他们只是聚精会神地观察着眼前向上延伸的石壁，寻找下一个最牢固的支撑点，摸索通向巅峰的最佳路线。同一办法对你也能有所帮助。每逢做事情时，不要把注意力放在你面前的整个任务上，最好先拟定第一个步骤——它必须是你确信自己能完成的，尔后再拟定第二个，第三个，如此各个击破，最终达到自己的目标。

Part 9

厚积薄发，一步一步积累资本

摩西奶奶曾告诫每一个前来求教的年轻人，青年就是积累知识和经验的年纪，年轻人一定要懂得充实自我。相信任何一个初入社会的年轻人都感受到，这是一个靠实力说话的时代。有了实力，你才会被重视，在工作中，你的意见和建议才会引起上级的关注。实力可以让你体会工作的乐趣，以及自己创造的价值，最关键的是可以获得幸福感。因此，年轻的朋友们，你只有从现在起，做到厚积薄发，努力学习，积累知识和成功的资本，你才会认识到体内所蕴藏的巨大潜力，才能最终实现自己的理想。

把优秀当成一种习惯来主动培养

在现实生活中，相信每个年轻人都有自己的理想，并渴望成功，而最终能成功的人只不过是极少数，而大多数只能与成功无缘，他们不能成功是是因为他们往往空有大志却不肯低下头、弯下腰，不肯静下心来努力学习、从身边的本职工作开始积聚自己的力量。要知道，只有一步一个脚印，踏实、不浮躁的学习，才能成为一个优秀的人，当你把优秀当成一种习惯后，你也就离成功不远了。

年轻人，也许你也感叹于摩西奶奶的成就，为何她能在毫无绘画基础的前提下比那些专业的画家更成功？也许我们看到的只是她的辉煌，而并没有看到她背后的努力，试想一下，一个七十多岁的老人，在学习能力已经不如年轻人的情况下，依旧坚持作画，这需要多么大的毅力？

爱因斯坦说："人的价值蕴藏在人的才能之中。在天才和勤奋两者之间，我毫不迟疑地选择勤奋，她是几乎世界上一切成就的催产婆。"如果你能做到勤奋学习、勤奋做事，你必当会有所收获。当今社会是一个需要人们不断学习的社会，知识的更新速度越来越快，曾有人说，"知识的半衰期仅为5年"，也就是说5年之内，掌握的知识就有一半过时。这句话无疑警示所有的人，要想在当今社会生存并发展下去，我们必须要不断地学习和充实自己，不断地更新自己的知识结构，继而成为一个优秀的人，否则，我们只能被时代所淘汰。

洪堡是德国著名的探险家、自然科学家，是近代气候学、自然地理学、植物地理学和地球物理学的创始人之一，他对生物学和地质学也有很深的造诣，在科学界享有极高的声誉，被当时的人们尊为“现代科学之父”。

尽管如此，洪堡却是一个十分谦逊的人。他尊重别人，从不自满，直到晚年还刻苦学习。在柏林大学的一间教室里，每当著名的博克教授讲授希腊文学和考古学的时候，课堂里总是挤满了学生。在这些青年学生中间，人们常常会看到一位身材不高、穿着棕色长袍的老人。这位白发苍苍的老人也像别的学生一样，全神贯注地听课，认真地做着笔记。晚上，在里特教授讲授自然地理学的课堂里，也经常出现这位老者的身影。有一次，里特教授在讲一个重要地理问题时，引用了洪堡的话作为权威性的依据。这时，大家都把敬佩的目光投向这位老人。只见他站起身来，向大家微微鞠了一躬，又伏身课桌，继续写他的笔记。原来，这位老人就是洪堡。

洪堡的优秀来自于他孜孜不倦的学习，把学习当成一种习惯。实际上，优秀就是一种习惯，需要我们主动去培养。根据西方人文科学家研究，一个习惯的培养平均需要21天左右，只要我们认真去做，就等于说我们吃了21天的苦，却得到了一辈子的甜，这是一个很值得和很高效的事情。

任何一个习惯一旦养成，它就是自动化的，如果你不去做反而会感觉很难受，只有做了才会感觉很舒服。因此，关于好习惯的培养，你不妨给自己订一个计划，然后用日程本记下自己执行计划的过程。那么，21天后，你将养成好习惯，坚持21天，你就会成功。坚持21天，就能改变你的意识，影响你的行为，为你带来超乎想像的成功。你又何乐而不为呢?

那么年轻人，你该怎样主动去培养那些成功的习惯呢?

1.变懒惰为勤奋

因此，如果你是个懒惰的人，不妨做出以下改变：

不要天天让爸爸妈妈给你拿碗筷；闲暇时帮爸妈做点家务；每天整理干净再出门，不要给人邋里邋遢的感觉。学习时，变主动为被动，积极起来……

2.养成读书的习惯

除了你学习的书本知识外，你还应多阅读课外书籍，多读书最大的好处就是可以增长知识，陶冶性情，修身养性。

3.让好奇心引导你探求知识

可能你觉得现在的你已经具备了很多知识，但事实真的如此吗？再退一步讲，人生的知识并不完全是书本上的，你真的对周围生活和自然以及各个方面都了如指掌吗？如果你觉得自己什么都懂，你多半不会是一个谦虚的人，实际上，越是知识渊博的人越是发现自己知道的少，培养好奇心也可以达到同样地效果，越是充满好奇越是对未知充满敬畏，也就越谦虚。

4.勇于创新

骄傲自满，你将很快就被超越。而只有进步才能获得更强的竞争力。然而，没有创新就不可能进步。因此，你应该将自己的求知欲望和求知兴趣激发出来，鼓励自己多参与动脑、动手、动眼、动口，使其善于发现问题，提出问题，并尝试用自己的思路去解决问题。

当然，任何习惯的改变和形成，都是艰难的，但只要我们坚持一段时间，一旦习惯形成后，它就会成为一种自动化的、下意识的行为反应了。

学无止境培养终生学习的习惯

关于努力学习、勤奋读书的重要性，历来人们已经用很多文字诠释过了，苏格兰散文家卡莱尔曾经说过这样一句话："天才就是无止境刻苦勤奋的能力"，没有艰辛，便无所获。摩西奶奶也曾说过，年轻的时候就是学习和积累的阶段，年轻人应该抓住时间的缰绳努力充实自己。事实上，摩西奶奶自身也是这样做的，即便年逾古稀，她也从未放弃过学习。她自身就是终生学习最典型的代表。

每一个初入社会的年轻人都需要明白，真正的知识是没有尽头的，正如有句话说："吾生也有涯，而知也无涯"。如若你想不断适应变化速度逐渐加快的现今社会，就必须学习无止境，把学习当成一项终生的事业，并把这项事业贯彻到每天的生活中，如衣食住行一般。

正所谓：活到老，学到老，终生学习，才能不断进步。一切事物随着岁月的流逝都会不断折旧，他们赖以生存的知识、技能也一样会折旧。惟有虚心学习，才能够成功掌握未来。求知与不满足是进步的第一必需品。

著名画家齐白石年逾90高龄后仍然每天挥毫作画，每天至少5幅。他把"不叫一日闲过"这句话写成一幅字，挂在墙上借以自勉。一次，齐老过生日，由于他是一代宗师，学生朋友满天下，从早到晚，客人络绎不绝。白石老人笑吟吟地送往迎来，等到送走最后一批客人，已是深夜了。老人感到很疲倦，便歇息了。第二天齐老一早起床，顾不上吃早饭就走进画室，摊纸挥毫，一张又一张地画着。家里人几次催他吃饭，他都说别急。直到画完5张后，才用饭，饭后他继续作画。家里人怕他累坏了，说："您不是已画了5张吗？怎么还要画呢？""昨日生日，客人多，没作画。今天追画几张，以补昨日的'闲过'呀。"说完，老人又认真地画了起来。

齐白石已为画坛成功者，年迈之时仍不忘勤奋，这不正是告诉我们：奋斗不分年龄，只要你把握现在。

世上没有绝对的成功，只有不断的努力，才能让你的成功之路走得更快更远。年轻的朋友们，从现在起努力吧。一个人的工作也许有完成的一天，但一个人的学习却没有终止。

总之，终身学习能帮助我们不断拓展自己的学习领域，开拓自己的知识视野。孔子说："好学近乎知（智）"。学习是一种习惯，终身学习则是一种理念，兴趣是成功的一半。一个人一旦树立起终身学习的理念，就会认同"万事皆有可学"这个道理。年轻人要坚定"奋斗不息，学习不止"的信念，日复一日，沿着知识的阶梯步步登高，养成丰富自己、重视学习的习惯。

与时俱进，年轻人要提高思维变通能力

对于不少年轻人来说，他们都感叹于摩西奶奶的成功，其实摩西奶奶最让我们敬佩的还是她的勇气，她有着破釜沉舟的决心，当她的手因患了关节炎而无法刺绣时，她毅然决然决定放弃这一工作、另寻出路，当她的画作被人常识之后，她更果断决定执笔绘画，这里，我们还应该看到摩西奶奶“此路不通有彼路”的变通思维。的确，“物竞天择，适者生存”这是自然界生物进化的基本规律。生活中的年轻人，在这个变化、竞争的时代，如果你能适应这种变局，你就是生活的强者，反之，就会面临巨大的危险。如果不能适应变化、竞争，无论你看起来多么强大，都会有被淘汰的危险。其实谁都明白这个道理，谁都想从残酷的竞争中脱颖而出，成为时代的强者。但真正做起来却是很难，这需要你及时调整思维，头脑灵活，积极适应不断变化的外界环境。

有一位身材矮小、相貌平平的青年叫卡纳奇。一天早晨，卡纳奇到达办公室的时候，发现一辆被毁的车阻塞了铁路线，使得该区段的运输陷于混乱与瘫痪状态。而更糟的是，他的上司、该段段长司哥特又不在现场。

卡纳奇当时还是一个送信的邮递员，卡纳奇面对此事该怎么办呢？守职的办法是，或者立即想办法去通知司哥特，让他来处理；或者是坐在办公室里干自己分内的事。这些都是既能保全自己的工作，又不至于承担风险的做法。因为调动车辆的命令只有司哥特段长才能下达，其他人干了，都有可能受处分或被革职。但此时货车已全部停滞，载客的特快列车也因此延误了正点开出的时间，乘客们十分焦急。

经过认真、反复思考后，卡纳奇将自己的工作与名声弃之一边，他破坏了铁路规则中最严格的一条，果断地处理了调车领导的电报，并在电文下面签上司哥特的名字。当段长司哥特赶到现场时，所有客货车辆均已疏通，所有的事情都有条不紊地进行着。他先是吃了一惊，最后一句话也没有说。

事后，卡纳奇从旁人口中得知司哥特对于这一意外事件的处理感到非常满意，他由衷地感谢卡纳奇在关键时刻的果断抉择。

这件事对貌不惊人，甚至有点丑陋的卡纳奇来说是一个关系终生的转折点。此后，他便被提升为段长。

可见，一个能灵活处世、善于变通的人，他们勇于向一切规则挑战，敢于突破常规，因而他们也往往可以赢得他人所无法得到的胜利。

对于“与时俱进”这一词，相信每一个年轻人都耳熟能详，这个成语的含义是，无论做什么都要懂得变通，毕竟我们所生活的时代每天都在变幻，守旧的思维模式只能让我们被时代抛弃。事实上，自古以来，人类的进步就是因为能做到与时俱进，能做到思维的创新，可以说，人类如果固步自封，就只会停滞不前。同样，作为个人，能不能做到思维上的与时俱进，直接关系到一个人事业的成败，因为只有创新才能激活自己全身的能量。

诚然，在激烈的社会竞争中，是离不开胆魄、勇气、意志力的，需要思想和智慧。没有头脑的人，一旦遇到阻碍，就会为自己设置一个“不可能”的思维模式。而事实上，只要你转换一下思维，拓宽自己的思路，出路就在眼前。

在漫长的人生旅途中，每一个人不能不面对变化，不能不面对选择。学会变通，不仅是做人之诀窍，也是做事之诀窍。那么，生活中的年轻人，你该怎样提高自己的思维变通能力呢?

1.关注前沿信息，更新观念

日常工作中，你除了努力工作外，在学习的同时，也要关注时事新闻，关注周围世界的变化，这样，你才能逐步更新自己的观念和强化自己的变革意识。

2.学会变通要有勇气应对变化

勇气的作用就是调动起自己全部的力量去迎接变化和挑战。一个人要想学会变通，首先必须鼓起勇气，勇气是人的一种非凡力量。它虽然不能具体地去处理某一个问题，克服某一种困难，但这种精神和心态却能唤醒你心中的潜

能，帮助你应对一切变化和困难。

3.学会变通，要有信心开发潜能

所谓信心，是指对行动必定成功的信念。也就是说你是一个充满信心的人，你有信心克服困难，有信心获得成功。那么，你身上的一切能力都会为你的信心去努力，你也就有可能成为你希望成为的那样；反之，如果你缺乏信心的去努力，总认为自己没有能力去做这一切，那么，你的一切能力也就会随之沉寂，自然你就成为一个没有能力的人。

4.学会变通要善于改变自己的思维定势

人的思维方式，常常出现两大定势：一是直线型，不会拐弯抹角，不会逆向思维和发散思维；二是复制型思维，常以过去的经验为参照，不容易接受新鲜事物。

实践证明，不管你是觉察到还是没有觉察到，不管你是愿意还是不愿意，每个人时时刻刻都在寻求变通，所不同的是，善于变通的人越变越好，而不善于变通的人却是越变越差。我们只要掌握了变通之道，就可以应对各种变化，在变化中寻找到机会，在变化中取得成功。有人说，生活其实就是一面变幻莫测的魔镜，看你想如何变。如果你总是想着生活不如意，那么不顺心的事就会像妖魔出洞一样全向你袭来。如果你能适应变化的环境，调控好自己的情绪，变幻的魔镜将会使你摆脱挫折，越过障碍，远离烦恼。迎接你的将是灿烂的阳光，美丽的鲜花。你的心情也将会随之轻松愉悦。

生活中的年轻人，如果你希望自己能适应现在的工作、生活乃至整个社会环境，你需要明白“适者生存”这个道理，并要积极思考，随时调整自己。只有这样，你的梦想和目标才会在社会大潮中实现，你才会收获成功和幸福！

积累的知识越多，成功的希望越大

人们常说“知识改变命运”，是的，任何人的一生，如果不获取知识，他的灵魂就是浅薄的，他的眼光就是短浅的。现代社会，任何人，都应该积极地汲取各种知识，只有这样，才能不断丰富自己的头脑。同样，每个年轻人，你的人生才刚刚开始，若想获得一个成功的人生，就要积累基础知识，全身心投入到你现在的生活和学习中。未来靠的是现在，现在做什么，怎样做，要达到什么目标，才能决定未来是怎样的。因此，你要记住，不要急功近利，努力、认真过好每一天，明日自然就会来到；如此持之以恒，五年、十年过去时就会结出硕果。

年轻人敬仰的摩西奶奶是个崇尚知识的人，洛克菲勒也一直崇尚知识，她相信知识的力量，并经常鼓励给她来信的年轻人要多学知识和本领，只有这样，才能不断进步，最终获取成功。

人的潜能是无限的，它是人的能力中未被开发的部分，它犹如一座待开发的金矿，蕴藏无穷，价值无比。一个人最大的成功，就是他的潜在能力得到最大程度的发挥。但这一前提是，无论你的理想多么崇高，要实现你的理想就必须勤奋努力，朝着目标一步一步地迈进。

生活中的我们也是这样，如果现在你认为自己能力还不足，不足以掌控自己现在拥有的人脉圈子，那么，你就要努力充实自己，现在这个竞争激烈的社会，优秀的人太多了，如果你不努力，怎能“让一切秀出来”？有谁来发掘你的才华？只有懂得找准自己的位置，发掘自己的长处，让机遇光临你，才能创造人生价值！

我们熟悉的玛丽·居里夫人的丈夫比埃尔·居里同样是年轻人的榜样，他的经历同样告诉我们，充满热情地学习，会给你带来无穷的力量。

比埃尔·居里于1859年5月15日生于巴黎一个医生家庭里。他在童年和少年时期，并没有显示出与众不同的聪明。那时候的他在性格上好个人沉思，不易改变思路，沉默寡言，反应缓慢，不适应普通学校的灌注式知识训练，不能跟班学习，人们都说他心灵迟钝，所以从小没有进过小学和中学。

父亲常带他到乡间采集动、植、矿物标本，培养了他对自然的浓厚兴趣，学到了如何观察事物和如何解释它们的初步方法。居里14岁时，父母为他请了一位数理教师，他的数理进步极快，16岁便考得理学学士学位，进入巴黎大学后两年，又取得物理学硕士学位。1880年，他21岁时，和他哥哥雅克·居里一起研究晶体的特性，发现了晶体的压电效应。1891年，他研究物质的磁性与温度的关系，建立了居里定律：顺磁质的磁化系数与绝对温度成反比。他在进行科学研究中，还自己创造和改进了许多新仪器，例如压电水晶秤、居里天平、居里静电计等。1895年7月25日比埃尔·居里与玛丽·居里结婚。

一个人爱好学习，勤奋读书，就会学有所获。比埃尔·居里的成功让我们明白，任何人，只要充满了学习的热情，无论外在条件多么艰苦，他们都能汲取到知识的营养。

人们常说，金子在哪里都会发光，但你若希望自己大放光彩，首先你就要把自己历练成一块金子，毫无真才实学，你是无法成为别人敬仰的对象的。如果你想在IT行业认识一些前辈级的人物，那么，你首先应该提高自己在编程和组织架构上的能力；如果你想在金融行业站稳脚跟，你就应该时刻做到对金融业相关知识了如指掌；如果你想成为一名令人尊敬的老师，你首先就应该在传道授业解惑上孜孜不倦……“机遇是留给有准备的人”这句话是有道理的。美国篮球名将乔丹对此深有体会，他说：“机会是为有准备的人而准备的。抓紧所有的时间，让力量发挥到极致，那些斑斓多彩的机会，一个个就会来到这些人面前了。”因此，现阶段，你要做的就是为未来做准备、充实自己的内在。

任何一个意气风发的年轻人，对于自己的未来，都满怀信心，并树立了伟大的理想，理想能指导行动，让你的努力都有一条明晰的主线，但对于未来的憧憬，你必须落实到今天的努力中。如果你每天都在展望自己的未来而不踏实工作、生活，那么，只能让心智沉浸其中，只会陷入人生的陷阱。

要做到积累知识，年轻人，你需要做到：

1.多主动请教他人，看到自己的不足

一个人取得成就后，容易自满，看不到自己需要改进之处，那么，你可以主动请教他人，让他人从旁观者的角度帮你指正出来。一般情况下，对方都乐于向你传授经验和教训的。

2.积累知识的同时，切实提高自己各方面的能力

你在拓展知识视野的同时，还应该培养自己各种抗挫折的能力经验等，具有较完善的人格，这对于提高自己的自理能力、交往能力、学习能力和应变能力都有很大的帮助，也有助于为你独自战胜困难提供勇气和方法。

从樊笼中跳出来，学习的目的不是模仿

有人说，世界就如同一个棋盘，而人就像一个“卒”，冲过“楚河汉界”之后方可横冲直撞，实现自己的人生价值。每个人都被一个无形的界限约束着，限制着，有的人不敢突破界限，只是规规矩矩在界内生活、工作，最终也只是碌碌无为、平庸一生。而有的人却敢于突破界限，摆脱那些繁文缛节的束缚，因而他们也欣赏到了界外不一样的风景，领略了界外不一样的精彩，活出了非同寻常的精彩人生。

人类社会发展到今天，是否拥有创新、动手能力和创新精神已成为一种判定人才的标准，这更是一种时代精神。哈佛大学的一位专家也指出：学校里学的东西是十分有限的，在工作中和生活中所需要的相当多的知识与技能，完全要靠我们在实践中边学边摸索。社会是更大的一本书，需要经常不断地去翻阅。因此，年轻人，在学习的时候要注意将理论与实践结合起来，要推进理论

创新和实践创新，只有这样的学习，才是有效用的、智慧的学习。

在了解摩西奶奶的故事以前，也许我们根本无法想象，一个八十岁的老奶奶会成为世界知名画家，也无法想象，一个农场老妇人竟然会拿起画笔，描绘出一幅幅清新脱俗的画作。这里，我们更应该敬佩的是她的思维变通能力。

从她的经历中，每一个年轻人都应该看到创新和实践的力量。你要想拥有别样的人生，要想创新，就要冲破思维界限，继而发挥年轻人充分的想象力和创新能力。

因此，从现在起，不管是做人还是做事，你都应该努力从僵化的思维方式和书本中走出来，积极倡导创新的思想。如果一味恪守前人的经验和模仿书本，就会使自己的思维陷入僵硬的死框框，从而在固定不变的思维方式中失去发现机遇、创造机遇、把握机遇的机会，最终给生活与事业带来无法弥补的损失与影响。

美国历史上，有位很出名的科普作家叫阿西莫夫。他从小就很聪明，在一次智商测试中，他的得分在160左右，因此，被证明是天赋极高者。而阿西莫夫本人，也一直为此自鸣得意。

有一次，他遇到一位老熟人，这个人是一名汽车修理工。修理工对阿西莫夫说："嗨，博士！今天我也来测测你的智商，看你能不能正确回答出我的思考题。"

阿西莫夫点头同意。修理工便开始说思考题："有一位既聋又哑的人，来到五金商店，准备买一些钉子，不能说话的他只好用做手势来表达自己的意思，他对售货员做了这样一个手势：左手两个指头立在柜台上，右手握成拳头做出敲击的样子。售货员见状，先给他拿来一把锤子，聋哑人摇摇头，指了指立着的那两根指头，于是售货员就明白了，聋哑人想买的是钉子。聋哑人买好钉子，刚走出商店，接着进来一位盲人。这位盲人想买一把剪刀，请问：盲人将会怎样做？"

顺着修理工给自己的思路，阿西莫夫顺口答道："盲人肯定会这样。"边说着，他进行了一些示范，他伸出食指和中指，做出剪刀的形状。汽车修理工一听笑了："哈哈，你答错了吧！盲人想买剪刀，只需要开口说'我买剪刀'就行了，他干吗要做手势呀？"

智商160的阿西莫夫，顿时哑口无言，不得不承认自己确实是个"笨蛋"。而那位汽车修理工人却继续说："在考你之前，我就料定你肯定要答错，因为你受的教育太多了，不可能很聪明。"

修理工所说的"你受的教育太多了，不可能很聪明"，并不是因为学的知识多，人反而变笨了，而是因为人的知识和经验多，会在头脑中形成较多的思维定式。

固定的思维方式容易把人的思维引人歧途，也会给生活与事业带来消极影响。要改变这种思维定式，需要随着形势的发展不断调整、改变自己的行动。任何一个有创造成就的人，都是战胜常规思维的高手。

现阶段的你应该要积累知识，但不要被这些既定的知识限制自己的思维，要敢于想象，敢于尝试。我们都知道吉尼斯，它激励人们勇于超越思维的界限，他的创建者懂得突破"界"后的乐趣与精彩。有了吉尼斯，也便有了身体上、思想上界限的不断突破。

可见，知识和能力是相互依存，相互促进的，要意识到我们学习知识的最终目的是为了增强能力。学习的是知识，获得的是能力。为此，你需要做到：

1.掌握好理论知识

这类知识即为我们从书本上学到的知识，只有强有力的理论指导，才能减少我们在实践操作中的错误。

2.做好知识与能力的转换

如果不能将所学的知识转化为能力，而是反受知识的束缚，那么对知识的学习将影响我们能力的发挥，结果会与我们的初衷背道而驰。

3.不要让理论知识束缚手脚，否定自己的能力

比如，在面对一项工作时，如果对有关知识了解不深，他会说："做做

看。”然后着手埋头苦干，拼命地下工夫，结果往往能完成相当困难的工作。但是有知识的人，常会一开始就说：“这是困难的，看起来无法完成。”这实在是划地自限，且不能自拔。

总之，“读万卷书，行万里路”，学习的最终目的是学以致用，任何一个初入社会的年轻人，在学习知识后都要懂得将其转换成自己的养分并运用到生活中，只有这样，我们才能将自己历练成一个动手能力强的人。

Part 10

莫急，你要的岁月都会给你

›››››››››

从摩西奶奶的人生经历中，我们可以看出来，摩西奶奶是个内心安宁恬淡的人，她也曾告诫年轻人要戒骄戒躁、耐心等待自己想要的人生。在人生旅途中，很多人为明天而焦虑，尤其是那些初入社会的年轻人，他们总是担心明天的生活，明天的工作，但实际上，这只不过是杞人忧天，谁也无法预料到明天，我们所能掌控的只有当下。并且，在人生目标的实现中，一个人只有内心平静、努力充实自己，等待时机、不骄不躁，你的日子就会过得悠然自得、从容不迫，不去羡慕别人，你才会找到自己的生活，完成你自己的事业，达到自己的目标。

›››››››››

只有这一点骄傲，就区别于浑浑噩噩的人生

人生在世，要有一番成就，就必须要有目标,这是毋庸置疑的。正是因为这一点，现实生活中的很多人，他们认为自己当下的工作根本谈不上“惊天动地的事业”，于是，他们总是渴望拥有一份更能发挥自己能力与价值的工作，对自己的本职工作便心不在焉。而实际上，热爱我们的工作并做到专心致志、全力以赴，是每个社会人的职责，也是让自己快乐的源泉。我们死心塌地的对待我们所做的工作时，就能产生火热的激情，它能让我们每天在工作中全力以赴。久而久之，持续地努力付出自然会有回报，你将因出色的表现获得巨大成就。

正因如此，美国大器晚成的画家摩西奶奶曾告诫年轻人，只有这一点骄傲，就区别于浑浑噩噩的人生。摩西奶奶七十多岁才开始执笔学习绘画，将所有的热情放到绘画这一事业上，所以她在没有接受专业绘画训练的基础上也能画出让人叹为观止的画作，她曾坦言，自己的作品不曾受任何大师的影响。除了绘画以外，她在成名之前在农场生活了大半辈子，那一段漫长的岁月，摩西奶奶和农场的奶牛、农作物打交道，但在她看来，这就是平淡的流年，专心于手头的工作，你就会感到快乐和充实。

生活中的年轻人，你是否有摩西奶奶这样的热忱呢？任何时候，成功始于源源不断的工作热忱，你必须热爱你的工作。热爱你的工作，你才会珍惜你的时间，把握每一个机会，调动所有的力量去争取出类拔萃的成绩。

曾有一位教授讲过这样一位毕业生的经历：

杰森是纽约一所著名大学的毕业生。大学毕业时，他暗下决心，一定要扎根在这个全世界人羡慕的繁华大都市并做出一番事业来。他的专业是建筑设计，本来毕业时是和一家著名的建筑设计院签了工作意向的，但由于那家设计院在外地，杰森未经考虑就决定不去。如果去了，他会受到系统的专业训练和锻炼，并将一直沿着建筑设计的路子走下去。可是一想到会几十年在一个不变的环境里工作，或许永远没有出头之日，这点让杰森彻底断了去那里工作的念头。

他在纽约找了几家建筑公司，大公司不要没有经验的刚出校门的学生，小公司杰森又看不上，无奈只好转行，到一家贸易公司做市场。一段时间后，由于业绩得不到提高，身心疲惫的杰森对工作产生了厌倦情绪。但心高气傲的他觉得如果自己单干肯定会更好，于是他联系了几个朋友一起做建材生意。本以为自己是“专业人士”，做建材生意有优势，可是建筑设计与建材销售毕竟是两码事。不到一年，生意亏本了，朋友们也因利益关系闹得不欢而散。

无奈之下的杰森只好再换工作，挣钱还债。由于对工作环境不满意，几年下来，他又先后换了几次工作，杰森对前途彻底失去了信心。现在专业知识已忘得差不多了，由于没有实践经验，再想做几乎是不可能了。杰森虽然工作经验丰富，跨了好几个行业，可是没有一段经历能称得上成功……现实的残酷使杰森陷入很尴尬的境地，这是他当初无论如何也没想到的。

杰森为什么一事无成，因为他总是“这山望着那山高”，一切凭兴致而定，他没有意识到真正的快乐与事业的成功都来自于踏实的工作。

有句话说得好：“选择你所爱的，爱你所选择的。”为了培养你对工作的热情，年轻人，你需要做到以下几点：

首先，你要选择你感兴趣的工作。

你应该考虑自己的兴趣。如果工作在某些方面真的令你缺乏兴趣，那么，你就会对它缺少积极性。如果你并不了解自己的兴趣所在，你怎样才能挖掘出自己的兴趣呢？有很多方法可以做到这一点。例如，在你目前的工作中，你最

喜欢哪个方面的特点？是和他人共处，还是不和他人共处？是智力挑战，还是解决问题或者某个问题在某一天结束的时候有了具体答案的满足感？

其次， 倘若你已经有一份不错的工作，那么，不妨尝试着去热爱这份工作。

我们都很清楚，大部分工作都不是妙趣横生的，甚至是枯燥无味的。事实上，一件工作有趣与否，取决于你的看法，对于工作，我们可以做好，也可以做坏。可以高高兴兴骄傲地做，也可以愁眉苦脸厌恶地做。如何去做，完全在于我们。所以只要你在工作，何不让自己充满活力与热情呢？

另外，你还需要从工作中寻找成就感。比如，如果你是教师，你可以通过观察每个学生在学习上的进步、心智的成长来获得乐趣；如果你是个医生，你可以从帮助病人排除病痛为己之快乐。你还应该认识到，在每一份工作中，我们都学到了不同的知识。

因此，无论你现在从事什么样的工作，你都应该学会热爱它即使这份工作你不太喜欢，也要尽一切能力去转变，并凭借这种热爱去发掘内心蕴藏着的活力、热情和巨大的创造力。事实上，你对自己的工作越热爱，决心越大，工作效率就越高。当你抱有这样的热情时，上班就不再是一件苦差事，工作就成为了一种乐趣，就会有许多人愿意聘请你来做你更热爱的事。如果你对工作充满了热爱，你就会从中获得巨大的快乐。

总之，对于任何一项工作，我们都不可能一开始就热爱它，最初可能还是有些勉强。但是，必须要反复对自己说："自己正在从事一项了不起的工作"，"这是多么幸运的工作啊"。于是，对工作的态度自然而然就有了大转变。

努力就好，剩下的就交给时光

我们都知道，任何事情的发展都是有规律的，人们的主观愿望与实际生活也总是有差距的。就像自然界的植物，它们的成长需要每天接受光合作用，需要接受甘露的灌溉，才能获得成果。其实，不仅是植物的成长，我们所做的每件事也是如此，有一定的规律，我们需要做的只是努力，剩下的就将一切交给时光。这是一种大气和洒脱，是一种从容和淡定。这正如摩西奶奶的经历所告诉我们的：她七十多岁才开始拿起画笔，从未接受过任何专业的绘画训练。但老人无论是绘画还是曾经的农场工作，都一直勤勤恳恳、从不放弃，因为她相信，只要努力，然后静静地等待，时间总会回报她。

每一个年轻的朋友，当下的你可能正处于困惑之中，对现在所从事的事感到迷茫、觉得毫无希望，但是你可曾问过自己：我做到百分之百的努力了吗？如果答案是肯定的，请不要焦躁，该有的总会有，成功不会遗漏任何人，总有一天会找到你。

所以，我们千万不可把自己的主观意愿强加于客观的现实中，应该学会随时调整主观与客观之间的差距。凡事顺其自然，确实至为重要。

古代，宋国有个农民，是个急性子的人，他做事总是追求速度。因此，对于田间的秧苗，他总觉得长得太慢，于是，他闲来无事时，就会到田间转悠，然后看看秧苗长高了没有，但似乎秧苗的长势总是令他失望。用什么办法可以让秧苗长得快一些呢？他思索半天，终于找到一个他自认为很好的办法——我把苗往高处拔拔，秧苗不就一下子长高一大截吗？说干就干，他就开始动手把秧苗一棵一棵拔高。他从中午一直干到太阳落山，才拖着疲惫的双腿往家走。一进家门，他一边捶腰，一边嚷嚷：“哎哟，今天可把我给累坏了！”

他儿子忙问：“爹，您今天干什么重活了，累成这样？”

农民洋洋自得地说：“我帮田里的每棵秧苗都长高了一大截！”他儿子觉

得很奇怪，拔腿就往田里跑。到田边一看，糟了！早拔的秧苗已经干枯，后拔的秧苗叶儿也发蔫，耷拉下来了。

揠苗助长，愚蠢之极！每一棵植物的成长都是需要一个过程的，需要我们每天辛勤地浇灌、耕耘，才能结出果实。每一个生命的成长也是如此，千万不要违背规律，急于求成，否则就是欲速则不达。

不只是这个农民，在现实生活中，我们也看到不少年轻人内心焦躁不安，尤其是当他们发现自己努力过后依然看不到希望时，他们要么打退堂鼓，要么感时伤怀，开始处于迷茫混沌之中，如果你也是这样的年轻人，那么，不妨翻阅一下摩西奶奶的故事，她的人生大部分时间都是在农场度过，但她从不感到烦闷，也从不抱怨，而是抱着热爱、欢快的心情去生活，无论从事什么工作，她都努力坚持，勤勤恳恳，最终，时光对她的付出给予了回报。

任何一种本领的获得、一个人生目标的达成都不是一蹴而就的，都需要一个艰苦历练与奋斗的过程，正所谓“梅花香自苦寒来，宝剑锋从磨砺出”。任何急功近利的做法都是愚蠢的，做任何事情都要脚踏实地，一步一个脚印才能逐步走向成功，一口是永远吃不成胖子的，急于求成的结果，只能适得其反，结果功亏一篑，落得一个拔苗助长的笑话。

一位渴望成功的少年，他一心想早日成名，于是拜一位剑术高人为师。他迫不及待地问师傅要多久才能学成，师傅答曰：“十年。”少年又问如果他全力以赴，夜以继日要多久。师傅回答：“那就要三十年。”少年还不死心，问如果拼死修炼要多久，师傅回答：“七十年。”

这里，少年学成并非真的要七十年，师傅之所以如此回答，是因为他看到了少年的心态，少年可谓是不惜一切想尽快成功，但没有平和的心态，势必会以失败告终。渴望成功、努力追求都没有错，但渴望一夜成名的心态反而会使人欲速则不达。

总之，年轻人，你需要记住，无论做什么，太想成功的人，往往很难成功，太想到达目标的人，往往不容易到达目标，过于注意就是盲，欲速则往往不达，凡事不可急于求成。相反，以淡定的心态对之，处之，行之，以坚持恒久的姿态努力攀登，努力进取，成功的机率却会大大增加。

从容不迫，随遇而安

我们都知道，现代社会，时间已成为一种有限的资源，时间就是金钱，时间就是生命，不少刚进入社会的年轻人开始认识到时间的紧迫性，于是，忙碌的他们总是不断地与时间赛跑，高度紧张的神经让他们开始疲乏，甚至身心俱疲，其实，你不妨反问一下自己，为什么不从容一点呢？

在不少年轻人的心目中，摩西奶奶是他们学习的榜样，这不仅是因为摩西奶奶的成就，更是因为摩西奶奶的人格魅力吸引了他们。摩西奶奶不只是个知名的画家，更是年轻人心中和蔼可亲的老奶奶，摩西奶奶教会了年轻人要勇于追逐自己的梦想，她更告诫这些年轻人要放平心态，以平常心来面对生活中的任何事。

事实上，摩西奶奶本身也是这样做的，无论是早年的“大迁徙”，还是晚年的执笔绘画，都展现出她淡定从容、随遇而安的个性特征。

每个初入社会的年轻人每天都需要进行忙碌的工作和学习，还有生活负担、情感烦恼等，常使这些年轻人感到焦头烂额，其实，如果你能从容一点、做事不紧不慢，那么，你便能在做事之前静下心来，理清思绪，合理安排，做事效果自然也是事半功倍。

和煦的春风里，师傅带着小和尚来到寺庙的后院，打扫冬日里留下的枯木残叶。小和尚建议说：“师傅，枯叶是养料，快撒点种子吧！”

师傅曰：“不着急，随时。”

种子到手了，师傅对小和尚说：“去种吧。”不料，一阵风起，撒下去不少，也吹走不少。

小和尚着急地对师傅说：“师傅，好多种子都被吹飞了。”

师傅说：“没关系，吹走的净是空的，撒下去也发不了芽，随性。”

刚撒完种子，这时飞来几只小鸟，在土里一阵刨食。小和尚急着对小鸟连轰带赶，然后向师傅报告说：“糟了，种子都被鸟吃了。”

师傅说：“急什么，种子多着呢，吃不完，随遇。”

半夜，一阵狂风暴雨。小和尚来到师傅房间带着哭腔对师傅说：“这下全完了，种子都被雨水冲走了。”

师傅答：“冲就冲吧，冲到哪儿都是发芽，随缘。”

几天过去了，昔日光秃秃的地上长出了许多新绿，连没有播种到的地方也有小苗探出了头。小和尚高兴地说：“师傅，快来看呐，都长出来了。”

师傅却依然平静如昔地说：“应该是这样吧，随喜。”

这则故事告诉每一个年轻人，人生无常，但只要我们保持内心平静，那么，无论外在世界怎么变化莫测，我们都能坦然面对，做到不为情感左右，不为名利所牵引，从而洞悉事物本质，完全实事求是。

人生就是一次旅行，在这一过程中，只有翻山涉水，不惧艰辛，走过忧郁的峡谷，穿过快乐的山峰，趟过辛酸的河流，越过滔滔的海洋，才能走到生命的最高峰，领略美好的风景。诚然，我们不能否认这一点，但人的一生是短暂的，我们若把眼光总是放在前面的事物而错过了眼前的美景，那么只能空留遗憾。

现实生活中的很多人，他们一直信奉勇往直前的原则，向往着未来的、他人的生活，于是，他们总是在马不停蹄地追赶，但时过境迁，待到他们青春年华不再时，才知道自己已经错过了生命中最美的时光。

有个成功的企业家，他的成功可谓是一路艰辛。他从十几岁就开始给别人帮工，每天都是早起晚睡的，整天都是忙忙碌碌，好像他就没有休息过，也没有参加过任何的娱乐活动，那段日子，他的梦想是，将来拥有一间属于自己的铺子。

几年后，他终于开了一间铺子。生意不错，此时，他告诫自己，这是自己的生意，更不能放松，仍然起早贪黑，匆匆忙忙，休息时间更少了。他想，等将来生意做大了就会好的。

又过了几年，他的生意果然越来越大，拥有数间很大的门市，每天货进货出几百万元的资金流动，他更不敢放手给别人去做，还是自己苦拼，联系货源，接待客户，管理账目……没黑没白，忙得如有狼在后面追一般。看他真的好辛苦，有人就劝他："你放一放可以吗？好好的休息一天，看看世界会不会大变！"

他回答："不行，我不做时，别人会做的，前面的那些大户们我会追不上的，后面一些中小户又逼上来，放一放，我会落在后面的。"

终于有一天，他累倒了，被迫躺在病床上不能动了，以前高速运转的日子一下停下来，他终于可以静静地想一下匆匆而过的人生了。有一次，他看到一个病人被抬进手术室再也没回来，那个病人很年轻，刚刚还与自己谈过出院后要去旅行。他看着对面空空的病床，心不由一震，顿时大彻大悟了：人由生到死其实只是一步的事，这一步，自己却走得太过沉重啊！一直以来，自己的名利心太重，想要的太多，然而真正得到的却很少。如果不是这次病倒，他会一直拼到五十岁、六十岁，甚至更久，没有娱乐，没有休息，最后两手空空的离开这个世界，这是一件多么可悲的事啊！康复后，他像换了一个人似的，生意还在做，只是不那么拼命了，他不再去追前面的大户，也不怕后面的小户追上来，甚至错过一笔很有赚头的生意也不会在意，人们还经常可以在高尔夫球场上看到他，有时他也慷慨地与他的家人坐飞机到外地旅游。

他终于懂得了生活的意义，终于找到了所谓的放下——这颗人生中最宝贵的钻石。

生命如此般的脆弱，假如你有一个"行千里路"的梦想，而被周遭的事物牵绊住，那么终有一天，生命会因不堪重负而轰然倒塌，而你的梦想从未实现。

然而，现实生活中的年轻人未必能做到如此从容，因为人都是情绪化的动物，会因为周围的人和事而影响到自己的心态。但年轻人，无论你遇到什么事，都不要执迷于单向度的追求，而是要了解相依转换的道理，然后调整心态，走上自立自足的生活。祸福本身就是转换的，因此，不管你现在得到了什么，失去了什么，都不要纠结于一时，心态是自己选择的，祸会转化为福，福也会转化为祸，何不敞开心扉，淡定一点呢？

淡定于心，专注手头事

我们常听人说人生苦短，我们没有精力去经历所有事，但作为年轻人，应该趁着年轻脚踏实地，认清自己前进的方向，并沿着这一方向不断钻研，这样一定能让自己的人生更加充实和完美。格诺蒂乌斯·劳拉有一句名言：“一次做好一件事情的人比同时涉猎多个领域的人要好得多。”在太多的领域内都付出努力，难免会分散精力，阻碍进步，最终一无所成。

可能不少年轻人会感到吃惊，为何摩西奶奶比那些专业的、有绘画功底的人更成功呢？为什么在短短的几年时间内就画出那么多的优秀作品呢？其实这就是专注的作用，摩西奶奶随时随地都在观察周围的事物，在从事绘画事业以后，她的大部分时间都在孜孜不倦地学习。

任何一个初入社会的年轻人，都要学习摩西奶奶身上专注做事的精神。人生在世，谁都希望自己明天走的是一条光明的康庄大道。但我们的精力是有限的，要想有所建树，就不可能关注太多，否则，只会乱了心神。爱迪生自身就是一个专注做事的代表：

事实证明，任何一个取得成功的人，都是因为他付出了超乎常人的努力。

一个人要想获得人生的幸福，那么每一天都应该勤奋工作。付出不亚于任何人的努力是一个长期的过程，只要坚持就一定能够获得不可思议的成就。

然而，现实生活中，我们发现，有这样一些年轻人，他们似乎总是心浮气躁，他们有太多的空想，他们要么同时对很多事都感兴趣，要么当手头事出现阻碍时就把目标进行转移。但是，任何目标的实现，正像许多人所做的那样，不仅需要耐心的等待，而且还必须坚持不懈地奋斗和百折不挠地拼搏。切实可行的目标一旦确立，就必须迅速付诸实施，并且不可发生丝毫动摇。

为此，我们需要明白一个道理，不要有太多的空想，而要专注于眼前的工作。在生活中的多数情况下，对枯燥乏味工作的忍受和含辛茹苦，应被视为最有益于人身心健康的原则，为人们所乐意接受。阿雷·谢富尔指出："在生活中，唯有精神的肉体的劳动才能结出丰硕的果实。奋斗、奋斗，再奋斗，这就是生活，惟有如此，也才能实现自身的价值。我可以自豪地说，还没有什么东西曾使我丧失信心和勇气。一般说来，一个人如果具有强健的体魄和高尚的目标，那么他一定能实现自己的心愿。"

18世纪早期就读于牛津大学的圣·里奥纳多在一次给校友福韦尔·柏克斯顿爵士的信中谈到他的学习方法，并解释自己成功的秘密。他说："开始学法律时，我决心吸收每一点获取的知识，并使之同化为自己的一部分。在一件事没有充分了解清楚之前，我绝不会开始学习另一件事情。我的许多竞争对手在一天内读的东西我得花一星期时间才能读完。而1年后，这些东西，我依然记忆犹新，但是他们，却早已忘得一干二净了。"

成功者之所以成功，就是因为在专注的过程中，经过了沮丧和危险的磨练，才造就了天才。

在每一种追求中，作为成功之保证的与其说是卓越的才能，不如说是追求的目标。目标不仅产生了实现它的能力，而且产生了充满活力、不屈不挠为之奋斗的意志。因此，我们需要记住的是，世事繁杂，我们不必关注太多，只要做好手头事、着眼于当下，一步一个脚印，你就会有所收获。

包维尔自小就十分喜欢摄影，大学毕业后，他对摄影到了痴迷的程度，无心去挣钱工作。从此包维尔过着简单的生活，从不理会自己的生活是富有还是贫穷，只要能够摄影也就够了。他穿着破裤子，吃着最简单的汉堡包。在别人眼里，他是困苦贫穷的象征。而包维尔自己却过得异常快乐。

在他二十七岁时，他的人物摄影技术开始登峰造极，成为世界公认的人物摄影大师，并为英国首相拍摄人物照，从此一发而不可收。至今为全世界一百多位总统、首相拍过人物摄影。请他摄影的世界名流更是数不胜数，排队等候一两年是常事。包维尔是一个真正的世界顶尖级摄影大师。

从包维尔的故事中，我们得知，追求人生目标，只有内心平静、做事专注的人，才能从容不迫、不骄不躁地沉淀自己，才能最终有一番成就。

通常来讲，越是有所追求、越是想干点事的人可能遇到的烦恼和痛苦就会越多，凡是达观一点，看开一点，相信自己，终会心想事成。

那些对奋斗目标用心不专、左右摇摆的人，对琐碎的工作总是寻找遁辞，懈怠逃避，他们注定是要失败的。如果我们把所从事的工作当作不可回避的事情来看待，我们就会带着轻松愉快的心情，迅速地将它完成。瑞典的查尔斯九世在他年轻的时候，就对意志的力量抱有坚定的信念。每每遇到什么难办的事情，他总是摸着小儿子的头，大声说："应该让他去做，应该让他去做。"和其他习惯的形成一样，随着时间的流逝，勤勉用功的习惯也很容易养成。因此，即使是一个才华一般的人，只要他在某一特定的时间内，全身心地投入和不屈不挠地从事某一项工作，他也会取得巨大的成就。

年轻人，你还可以发现，那些攀岩成功的人都有个共同特征，那就是他们不会三心二意，也不会向下看，他们会一直努力地攀登，这样，尽管脚下是万丈悬崖，他们也不会害怕。同样，处于青春期阶段的你们，也应该从中有所启示。无论是学习还是其他事情，都不要把注意力过分放在整件事情上，而应该先拟定一个切实可行的计划，并努力做好第一步，而后再努力做好第二步，第三步……如此各个击破，最终达到自己的目标。

总之，生活中的年轻人们，你需要记住的是，在对有价值目标的追求中，坚忍不拔的决心则是一切真正伟大品格的基础。充沛的精力会让人有能力克服艰难险阻，完成单调乏味的工作，忍受其中琐碎而又枯燥的细节，从而使他顺利通过人生的每一驿站。

持续是一种力量

自古以来，恒心被认为是一个人心理素质优劣、心理健康与否的衡量标准之一，也是人生未来成功的关键因素之一。恒心，它与意志品质的其他方面，如主动性、自制力、心理承受力等有一定的关系。生活中的每个年轻人，都应着力培养自己的恒心，在工作上，应当把分配给自己的任务当成天职，一辈子持之以恒。

摩西奶奶在成名之后，有不少年轻人前来求教成功经验，对此，摩西奶奶用自己的经验告诉他们，成功别无他法，只有坚持，从七十多岁开始，摩西奶奶一直坚持创作，即便到了她生命的最后几年。她坚信，持续是一种力量。

有句古话叫“行百里者半九十”，简短几个字中蕴含着深刻的哲理。这就是说无论做什么，越到最后越艰难。就像爬山，越接近顶峰越累，越容易使人放弃。成功需要坚持。古往今来，有多少功亏一篑、功败垂成的例子，之所以导致失败，原因就是不能坚持，在大功告成之际，却走向了失败。

做任何事，贵在坚持，无需完美。荀子说：“骐骥一跃，不能十步，驽马十驾，功在不舍。”这也充分地说明了坚持的重要性，骏马虽然比较强壮，腿力比较强健，然而它只跳一下，最多也不能超过十步，这就是不坚持所造成的后果；相反，一匹劣马虽然不如骏马强壮，然而若它能坚持不懈地拉车走十天，照样也能走得很远，它的成功在于走个不停，也就是坚持不懈。

正如托马斯·爱迪生所言，成功中天分所占的比例不过只有1%，剩下的99%都是勤奋和汗水。生活中的人们，只要我们专心致志于一行一业，不腻烦、不焦躁，埋头苦干，不屈服于任何困难，坚持不懈；只要你坚持这样做，就能造就优秀的人格，而且会让你的人生开出美丽的鲜花，结出丰硕的果实。

大哲学家苏格拉底有着非同常人的智慧，为此，很多人都来向他求教。

一天，一名学生问他："老师，我也想成为和您一样的大哲学家，但我怎么样才能做到呢？"

苏格拉底说："很简单，只要每天甩手300下就可以了。"

有的学生说："老师，这太简单了，别说是甩手300下了，就是3000下、30000下也可以啊！"苏格拉底笑了笑没有说话。

一个月过去了，苏格拉底问："有多少同学每天坚持甩手300下啊？"很多学生都骄傲地举起了手，大概有90%的人。

又一个月过去了，苏格拉底又问："还有多少同学在坚持啊？"这回比上次少了10%的人。

时间一天天地过去了，一年以后，苏格拉底还重复着当年的问题："请告诉我，还有同学在坚持每天甩手300下吗？"此时，大家都低下了头，因为他们都没有做到，这时，一个同学举起了手，他的名字叫柏拉图，他后来也成为了像苏格拉底一样的大哲学家。有人问他成功的秘诀是什么，柏拉图微笑着说："甩手，而且甩得足够久……"

苏格拉底的这个哲理故事告诉生活中的每一位年轻人，无论做什么事，如果你想成功，就一定要做到持之以恒。没有人生下来就是伟大的人。每天坚持做同一件小事也很不容易，就像每天甩手三百下，一个月大部分人能坚持，一年过去了却只有一个人能坚持，只有学习柏拉图这种坚持不懈的精神，才能成为像他和苏格拉底一样做成大事的人。当你认真对待每一件小事，你会发现自己的人生之路越来越广，成功的机遇也会接踵而来。

当然，在坚持的过程中，你可能也会遇到一些压力和困难，但我们要明白的是，任何危机下都存在着转机，只要我们抱着一颗感恩的心耐心等待，再坚持一下，也许转机就在下一秒。

一个人要取得事业的成功，必然要经历困难和痛苦的过程。是成功还是失败，往往在于有没有耐力，有没有坚忍不拔的挺功。自古以来，成功者和失败者的差异除了其它因素外，主要的区别还在于意志品质的不同。凡成大事者都有超乎常人的意志力、忍耐力，也就是说，遇到艰难险阻或陷入困境，常人难以坚持下去而放弃或逃避时，有作为的人往往能够挺住，挺过去就是胜者。

胜利贵在坚持，要取得胜利就要坚持不懈地努力，饱尝许多次的失败之后才能成功，即所谓的失败乃成功之母，成功也就是胜利的标志，也可以这样说，坚持就是胜利。

同样，生活中的每个年轻人在面对自己的工作时，也应该把每天的工作都当成自己的天职并努力完成，才能在日积月累中提升自己。培养自己的这种踏实、勤奋的工作作风，对于未来的人生之路是有益的。因为人生之路，通常都是坎坷、充满荆棘的，你只有具备忍耐力，才能过五关、斩六将，才能取得最后的成功。

我们不难发现，在我们的周围，有这样一些看似头脑迟钝的人，他们做起事来不知疲倦，孜孜以求，10年、20年、30年，像尺蠖虫一样一寸一寸地前进，刻苦勤奋，一心一意，愚直地、诚实地、认真地、专业地努力工作。经过如此漫长岁月的持续努力，这些所谓头脑迟钝的人，不知从何时起，就变成了非凡的人。

这些看似平庸的人，正是因为加倍的努力，辛苦钻研，一直拼命地工作，也正是在这样的过程中，他们塑造了自己高尚的人格。他们并不像老虎那样迅猛，他们没有太多出众的才华，他们更像牛——笨拙、愚直、持续地专注于一行一业。这样不断努力的结果，使他们不仅提升了能力，而且磨炼了人格，造就了高尚美好的人生。

因此，如果你哀叹自己没有能力，只会认真地做事，那么，你应该为你的

这种愚拙感到自豪。看起来平凡的、不起眼的工作，却能坚韧不拔地去做，坚持不懈地去做，这种持续的力量才是事业成功的最重要基石，才体现了人生的价值，才是真正的能力。

一次只做一件事

俗话说，“一心不可二用”。人的一生，确实可以做很多事情，但一定的时间内，却只能做好一件事。好高骛远，见异思迁，心浮气躁，什么都想抓住，最终猴子掰玉米，掰一个，丢一个，到头来两手空空，一无所获。一个人的不成功，多是不能持之以恒地专注于一件事，或是一段时间内不能持之以恒地专注于一件事，而是心猿意马，这山望着那山高。

在我们生活和工作的周围，一些年轻人，因为深知努力工作、珍惜时间的重要性，为了提高工作效率、为了争分夺秒地做事，他们常常一心几用，而最后的情况是什么都没做好。为此，很多效率高、经验丰富的前辈会告诉他们：“一次只做一件事”，这可以使我们静下神来，心无旁骛，一心一意，就会把那件事做完做好。

摩西奶奶从七十五岁开始执笔绘画，在八十岁的时候就开始办自己的画展。短短的几年时间，摩西奶奶为何有如此大的突破和成就？主要原因之一就是摩西奶奶是个专注、执着的人，在绘画时，她的脑海中只有自己的灵感，丝毫不被任何艺术大师影响，所以她的画作是清新的、脱俗的、异于他人的。

生活中的每一个年轻人，你也要学习摩西奶奶，做任何事，都能集中精力、全身心的投入，做到“身心合一”，来不得半点虚假，不能有任何私心杂念。

著名作家埃里克说：“当我放弃我的工作而打算写一本25万字的书时，我从不让我过多地考虑整个写作计划涉及到的繁重劳动和巨大牺牲。我想的只是下一段，不是下一页，更不是下一章去如何写。整整6个月，我除了一段一段地开始外，我没有想过其他方法。结果，书写成了。”

1.要专注于任务，也就是说“一次仅做一件任务”

成功不允许你三心二意，你应该养成专注与执着的习惯，工作中，你要做到聚精会神、排除外界干扰，并且一次只瞄准一个目标。一项工作一旦启动，就要坚持不懈地坚持，直到获得令人满意的成绩。能否完成最后的工作，是决定一件事情最终成功还是失败的关键。很多人之所以没有成功，就是因为在完成90%的工作后以为大功告成而转移了视线，最终导致工作的半途而废，也使宝贵的时间被白白浪费。

然而，我们发现，在职场，不少年轻人愈来愈忙碌。除了大量的出差外，他们就是数不清的会议，工作负担愈来愈重，但结果却都是毫无收获的居多。当然真正有生产力的也有，只是寥寥无几而已。其实，仔细分析原因，我们发现，他们同时专注的事情太多了，什么都想做，什么都想管，结果什么都做不好。因此，要想提高工作效率，我们就应该从本质上消除“兼顾”的想法，一次仅做一件任务。

2.排除干扰

在你准备做一件时，请收拾好你的书桌，关闭手机，关闭电脑的浏览器等，避免那些容易使你分心的事，你的学习和工作效率会提高很多。

3.要学会在强烈的吵闹声、人多的环境中专心学习的本领

曾有伟大人物介绍过他们在大街十字路口专心看书的本领。因为环境在一定程度上是自己无法限制的，只有依靠自己的高度自制能力，才能提高抗干扰能力。

4.学会做些放松训练

舒适地坐在椅子上或躺在床上，然后向身体的各部位传递休息的信息。先从左脚开始，使脚部肌肉绷紧，然后松弛，同时暗示它休息，随后命令脚脖

子、小腿、膝盖、大腿，一直到躯干休息，之后，再从脚到躯干，然后从左右手放松到躯干。这时，再从躯干开始到颈部、到头部、脸部全部放松。这种放松训练的技术，需要反复练习才能较好地掌握，而一旦你掌握了这种技术，会使你在短短的几分钟内，达到轻松、平静的状态。

5.善于总结

无论工作的成果如何，只有做到及时总结，才会即时反省，尤其是对于错误和失败。要知道，成功出自于在错误中的学习，因为只要能从失败中学得经验，便永不会重蹈覆辙。失败不会令你一蹶不振，这就像摔断腿一样，它总是会愈合的。大剧作家兼哲学家萧伯纳曾经写道："成功是经过许多次的大错之后得到的。"

6.要有追求完美的心态

"没有最好，只有更好"，十全十美的事做不到，也不存在，但你首先应该有一个追求完美的心态。"取法其上，得乎其中；取法其中，得乎其下；取法其下，不是道也"。只有与时俱进，以高标准的要求和精益求精的态度，聚精会神抠细节，才能创造卓越的工作业绩。

Part 11

不惧失败，爬起来路依然在脚下

››››››››

摩西奶奶成名后，很多年轻人都登门求教或者写信来请教，希望能获得人生的指点，对于那些处于人生逆境中的年轻人，摩西奶奶告诫他们，积极的心态是一个人战胜一切艰难困苦，走向成功的推进器。积极的心态，能够激发我们自身的所有聪明才智；而消极的心态，就像蛛网缠住昆虫的翅膀、脚足一样，束缚人们才华的光辉。因此，年轻人，你需要明白，未来的路还很长，在追求人生目标的过程中，无论命运把你抛向任何险恶的境地，你都要记住摩西奶奶的忠告，用你的笑容去迎接它，尤其是对于那些无法避免的困难，更要学会坦然接受，因为挫折、逆境、苦难都是我们生活中的一部分，只有实实在在地面对，才是成熟的表现。

››››››››

哀莫大于心死，怎样都别放弃

生活中，几乎每个人都期望一帆风顺。许多人都说：前进的路上，即使没有莺歌燕舞，没有众人的掌声，那么，最好也不要有风雨和挫折。事实，这是不可能的。人生，是一本包含着酸甜苦辣的词典。人活尘世，既有宽敞的阳关道，也有狭窄的独木桥；既有醉人的幸福，也有恼人的苦难。

年轻人，现在的你刚离开学校、踏入社会，未来需要承受的有太多，尤其是在追逐人生目标的过程中，更是免不了失败。此时，你也许会无比惶惑，也许会绝望，想到过轻生，想到过放弃，想到过破罐破摔、得过且过……然而，你可知道，磨难对于我们来说，可是一笔宝贵的财富啊！

在摩西奶奶成名后，不少年轻人都写信来求教于她，因为摩西奶奶是不少年轻人心中的传奇。也许我们看到的只是摩西奶奶的成功，却没有看到其背后付出的艰辛，她是一个毫无教育背景和系统训练的人，在绘画上遇到的困难当然比那些接受过专业训练的人多得多，但摩西奶奶却一一克服了，终于，她成为了美国历史上最著名和最多产的原始派画家之一。

每一个年轻人都要学习摩西奶奶身上这种锲而不舍的精神，在磨难面前，都应该从容面对，当你困于这种“不如意”之中，终日惴惴不安，那生活就会索然无味。与之相反，如果你能以平和的心态面对，把那些磨难当成人生中的小插曲，那么，必定会为你弹奏灿烂的主旋律。

一位很有名气的心理学教师，一天给学生上课时拿出一只十分精美的咖啡杯，当学生们正在赞美这只杯子的独特造型时，教师故意装出失手的样子，

咖啡杯掉在水泥地上成了碎片，学生中发出了惋惜声。教师指着咖啡杯的碎片说："你们一定对这只杯子感到惋惜，可是这种惋惜也无法使咖啡杯再恢复原形。今后在你们的生活中发生了无可挽回的事时，请记住这破碎的咖啡杯。"

这是一堂很成功的素质教育课。它告诉每个年轻人，最重要的是，困难是无法避免的，任何惋惜与沉沦都改变不了现状，而唯有征服可以改变。一个人最可怕的莫过于放弃。这种灵魂的死亡比起躯体的死亡更为可怕。而唯有激励自我，方可以焕发青春，扬起生命的希望之帆。

从前，有一个农夫，靠驴拉货为生，有头驴跟了他十几年，已经年迈。一天，在运货过程中，这头驴不小心掉进了一口枯井中，农夫想尽办法救驴出来，但都无济于事，最后，农夫决定放弃，但回头一想，虽然这头驴子年纪大了，不值得再费周折去救它，农夫便打算用泥土给埋了，免除它的痛苦。

后来，那位农夫叫邻居来帮忙，他们就用铁铲将泥土铲进枯井里。这头驴似乎很聪明，它意识到厄运的降临，便没在发出那凄惨的叫声，出人意料的是，当铲进井里的泥土落在驴子的背部时，它开始镇定地将泥土用身体抖落在地，然后踩在泥土上。

这样，人们挖土扔在它的身上，它就把泥土抖落下来继续踩在脚下，很快，驴子的身体很快地上升到井口。人们惊讶的注视着这头驴子。驴子便悄悄地离开了注视它的人群。

这个寓言故事中，如果这头驴听从命运的安排它可能已经被活埋了。幸好那头驴子用聪明智慧逃离了厄运。有时候，你可能自信心不够，一件事情还没做，便去考虑失败后的结果，这样，必然会导致内在潜能得不到充分的调动与发挥。要避免与摆脱这种心理上的失衡，就必须时时表现出一种强者的风范，敢于面对困难与挫折，并始终怀着必胜的信念去克服、战胜困难，坚定不移地朝着成功的目标迈进。因而有意识地培养自己的"强者"意识，可以说，是度过心理危机的良方。

年轻人在生活中遇到的种种困难和挫折就好比加诸在人们身上的"泥

沙”，只要以锲而不舍的精神将它抖落掉，然后站上去，“泥沙”就变成了成功道路上的垫脚石。巴尔扎克曾说：“挫折和不幸，是天才的进身之阶；信徒的洗礼之水；能人的无价之宝；弱者的无底深渊。”所以说，没有经历过失败的人生不是完整的人生。敢于把困难踩在脚下的人才是真正的英雄，成功属于他们。

那么，年轻人，你该如何面对逆境并走出逆境呢？

1.坚持自己的目标和理想

人不管在怎样的条件下，都不应放弃对成功的追求。始终坚持你的目标，那么，无论何时，你都一定能保持良好的心态，即使生活给予你挫折，你也能怀着理解的心态给它一个微笑！

2.学会处变不惊地处世

大喜大悲，都不是可取的处世态度。那些处变不惊的人似乎在逆境面前更能临危不乱。无论你遇到什么事，你依然可以拥有一份笑看风清云淡，处变不惊、健康进取的美丽心情！而反过来，当你在经历了逆境的磨练后，也必然能学会如何淡然处之，这二者是相辅相成的！

一个人能否做成、做好一件事，首先看他是否有一个好的心态，以及是否能认真、持续地坚持下去。信心大、心态好，办法才多。所以，信心多一分，成功多十分；投入才能收获，付出才能杰出。永远不要被缺点所迷惑。当然，成功卓越的人只有少数，失败平庸的人却很多。成功的人在遭受挫折和危机的时候，仍然顽强、乐观和充满自信，而失败者往往是退却，甚至是甘于退却。我们应该学会自信，成功的程度取决于信念的程度。

总之，年轻人，面对失败，你必须要选择你的态度：是消极被动地害怕和逃避，还是积极主动的面对和接受？若我们采取消极态度，那么，你将被局面控制，而积极主动，则能反过来控制局面。如果你希望能够通过自己的努力使自己的能量一点点变得强大，同时让自己变得更完美，就必须选择积极主动的态度，那么，逆境这朵“浮云”自然会被你驱赶出心灵的天空。

冷静思索，找到问题的症结

当今社会，任何人要想在竞争中脱颖而出，都不能忽视思维的力量，那些头脑灵活、拥有思想的人在这个社会才会有出路。当然，这里所说的思想指的是与众不同的思维方式，而不是普通意义上的想法。

对于初入社会的年轻人来说，无论是生活还是工作，你都可能会遇到一些难题，此时，你难免会产生一些焦躁的情绪，但焦躁对于事情的解决毫无帮助，你只有静下心来，才能冷静地思考解决的方法。因此，无论发生什么，你都要记住，一定要有个好心态，不到最后一刻都不要放弃思考。

年轻人敬仰的摩西奶奶不但对绘画有着执着的追求和热爱，更是个爱观察和动脑的人，她喜欢观察周围的任何人和事，正因如此，她的画风是与众不同的，她也曾坦言，自己的画作是不受任何专业艺术大师影响的。相信也正是因为这一点，她解决了在学习绘画过程中遇到的很多问题。

生活的年轻人，你是否也曾经遇到了令你头疼的难题呢？可能你会选择放弃，但是，请想一下，如果选择了放弃，向所谓的命运妥协，那么，你就真的彻底失败了；而如果你选择另外一种心态，那么，只要你继续思考，你就有可能绝处逢生。

美国人克里斯托弗·里夫在电影《超人》中扮演超人而一举成名。但谁能料到，一场大祸会从天而降呢？

1995年5月27日，里夫在弗吉尼亚一个马术比赛中发生了意外事故，他骑的那匹东方纯种马在第三次试图跳过栏杆时，突然收住马蹄，里夫防备不及，从马背上向前飞了出去，不幸的是，摔出那一刻他的双手缠在了缰绳上，以致头部着地，第一及第二颈椎全部折断。5天后，当里夫醒来时，医生说不能够确保里夫能活着离开手术室。

那段日子里夫万念俱灰，许多次他甚至想轻生。出院后，为了平缓他肉体和精神上的伤痛，家人便推着轮椅上的他外出旅行。

有一次，他的家人开着小车带他出去游玩，车子在蜿蜒曲折的盘山公路上行走，他静静地望着窗外，什么都没想，但他的眼神突然发生了变化。他发现，每当车子即将行驶到无路的关头，路边都会出现一块交通指示牌："前方转弯！"或"注意！急转弯"，这些警示文字赫然出现在他的眼前。而只要车子拐过这一道弯，前方就会出现豁然开朗的一道风景。骤然间，"前方转弯"几个大字一次次地冲击着他的眼球，也渐渐叩醒了他的心扉：原来，不是路已到了尽头，而是该转弯了。他幡然醒悟，冲着妻子大喊一声："我要回去，我还有路要走。"

从此，他彻底改变了以往颓废的生活，他以轮椅代步，当起了导演，他第一部首次指导的影片就荣获了金球奖；他尝试着用牙咬着笔写字，他的第一部书《依然是我》一问世就进入了畅销书排行榜。与此同时，他创立了一所瘫痪病人教育资源中心，并当选为全身瘫痪协会理事长。他还四处奔走，举办演唱会，为残障人的福利事业筹募善款，成了一个著名的社会活动家。

美国《时代周刊》报道了克里斯托弗·里夫的事迹。

在这篇文章中，他回顾自己的心路历程时说："以前，我一直以为自己只能做一名演员；没想到今生我还能做导演、当作家，并成为一名慈善大使。原来，不幸降临的时候，并不是路已到了尽头，而是在提醒你：你该转弯了。"

一次偶然的事件，让原本几乎绝望的克里斯托弗·里夫重新选择了一条人生的路。在这条路上，他同样取得了成功甚至是辉煌。

当然，在困境和困难面前，我们要想寻求突破，除了要静心外，还需要运用思维的力量。有一件关于查理斯·艾略特的轶事：

1870年，在查理斯·艾略特出任哈佛大学校长时，他找到当时著名的史学家亨利·亚当斯，想聘请他出任中世纪历史的教授。起初，艾略特不管怎样苦苦劝说，亨利·亚当斯都没有任何表示，后来，亨利·亚当斯谦虚地说："校长先生，我真的一点儿都不懂中世纪的历史。"听到他的回答，艾略特校长则

不客气地说：“如果你能够为我举荐出一位比你懂得更多的教授，那我就聘请他。”结果亚当斯只好接受了聘请。

艾略特以自己灵活机智的思维，展现了哈佛校长的个人魅力，同时也告诉哈佛学子，将思维转个弯，很多事情都可以迎刃而解。

我们的生活中，失败平庸者多，主要是心态有问题。遇到困难，他们总是挑选容易的倒退之路。“我不行了，我还是退缩吧。”结果陷入失败的深渊。成功者遇到困难，他们能心平气和，并告诉自己：“我要！我能！”“一定有办法”。

那么，年轻人，在困境中你该如何运用思维的力量呢?

1.充分预测困难，做好准备

无论做什么事情，都需要一些必备的品质，比如专注、勇敢、拼搏等，但在朝着这个目标去做的过程中，会有很多困难接踵而至。如果你在做事之初没有准备好，那么这样的突袭会很容易使你的意志溃不成军。所以在做每件事情之前，你要充分预测可能遇到的阻碍，并为之做好准备，想到应对的办法。

2.全局思考

很多时候，问题的出现是因为人们局限了自己的思维，如果你能走出思维的死胡同，从全局考虑的话，你就能找到真正的症结所在。

3.自我暗示和自我激励

当你遇到困难并想放弃时，你不妨闭上眼睛，调整呼吸，然后有意识地鼓励自己，平心静气地思维，静心才能有所收获。

调整情绪，重塑自己的战斗力

在我们的生活中，常听到人们这样说：“人有悲欢离合，月有阴晴圆

缺。”人生之无常，没有永远的平平坦坦、一帆风顺，遇到些挫折和磨难在所难免。在失败中学会坚强，才能更好地感知生活，拥抱生活，创造生活，享受生活。

对于初入社会的年轻人来说，可能你渴望成功，但结果并不一定如我们想象，似乎总是会出现我们无法预料的因素，那么，我们面对不能避免、不可改变的事实——失败面前，最好的态度就是认定事实，做出积极乐观的反应。

不少年轻人引以为榜样的摩西奶奶就是乐观、积极向上的人，她被不少人称为“快乐的成功者”，在她的手因关节炎而不能再刺绣时，她并没有悲观失望，没有沉浸在痛苦之中，而是在最快的时间内找到了自己新的人生奋斗目标——绘画，并且，事实证明，她在绘画艺术上展现出来的天赋和潜能是惊人的。

任何一个年轻人，都要明白这样一个浅显而深刻的道理，人这一生会经历许许多多的挫折。当我们所承受的挫折越多，这说明你成功的机会就会越大。面对挫折和失败时，我们应该勇敢地、微笑地接纳它。如果你能鼓起勇气，尽自己最大的努力去战胜它，那么你就会发现，挫折和磨难的阴霾被驱散后，头顶上便是一片蔚蓝的天空。挫折和磨难对强者来说，是上天给予的奖励，可以从挫折和磨难中自省自悟、吸取教训，重整旗鼓，挫折就是一份财富，经历就是一份拥有；淬火洗礼，愈挫愈坚，愈挫愈勇，坚如磐石，我们从中得到粹炼，得到成熟，得到成长，得到收获，此时的挫折和磨难，只不过是其成功道路上的一块垫脚石。而挫折和磨难对弱者来说，是一道深不可测、无法逾越的鸿沟，甚至是他们自己的坟墓。驻足在这条鸿沟旁边，他们瞻前顾后，徘徊观望，唉声叹气，却没有想到这条沟正是自己给自己挖的，他们失去了战胜挫折和磨难的信心和勇气，自己放弃了很多本该和本能得到的美好东西。

在顺境中多思考，我们能保持清醒的头脑、稳健前进的脚步；在逆境中多思考，我们会找到失败的症结，踏上通往成功的道路。

年轻人，我们要追求成功，就必须要做好随时迎接艰难险阻的准备，不要因为一时的失败而灰心丧气，而应该勇敢面对，努力拼搏，始终坚信“阳光总在风雨后”。古往今来，所有成功者都懂得“失败乃成功之母”的道理，为什

么我们就偏偏要被失败打倒呢?

那么，我们该如何调整失败后的情绪从而重振旗鼓呢?

首先，要积极暗示自己。生活是千变万化的，悲欢离合，生老病死，天灾人祸，喜怒哀乐，都在所难免。一次被拒绝的失望，一场伙伴的误会，一句过激的话语，都会影响我们的心情，生活中不顺心事总是很多，这就需要我们每个人要学会调节自己的心态。怎样调节呢？最简单有效的做法——用积极的暗示替代消极的暗示。当你想说“我完了”的时候，要马上替换成“不，我还有希望”；当你想说“我不能原谅他”的时候，要很快替换成“原谅他吧，我也有错呀”等。平时要养成积极暗示的习惯。

其次，告诉自己“总会有别的办法可以办到。”竞争激烈的市场中，每天都有公司成立，但每天也有公司停止运营，那些半路退出的人说：“竞争太激烈了，还是退出保险些。”真正的关键在于他们遭遇障碍时，只想到失败，因此才会失败。

如果你认为困难无法解决，就会真的找不到出路。因此，你一定要拒绝“无能为力”的想法，告诉自己“总会有别的办法可以办到”。

我们的人生就如同大海里的船舶，随时都可能经历风浪，没有不受伤的船，也没有不经历磨难的人生。面对失败，我们不应该一味地怨天尤人和自暴自弃，而应该学会坚强，学会乐观，要学会控制好情绪，更要会调整自己的心态。保持好精神，拥有好心情，才是至关重要的。

别让内心放大的恐惧打倒你

生活中，困难无处不在，而很多时候，打倒我们的不是这些困难，而是被我们内心放大的恐惧。事实上，困难如弹簧，你软它就强大。我们只有内心强

大起来，才能克服困难。

画坛神话摩西奶奶曾告诫年轻人，作为年轻人一定要勇敢，要大胆去抉择，去实施。面对困难同样是如此，如果你信心十足，无惧无畏，那么，它就会臣服于你。

有这样一个小故事：有两个孩子比赛，看谁先跑到各自的妈妈身边。可在途中，两个孩子先后摔倒。其中一个妈妈立刻跑过去安慰那个孩子，摸摸头又抱在怀里，可那孩子反而哭得更凶。而另一个妈妈呢？她只是站在原地鼓励着孩子继续跑来。孩子摇摇晃晃站起来，终于跑到了妈妈身边，露出甜甜的笑。这两个母亲的做法孰是孰非？前者是放大了困难，后者则鼓励孩子克服了困难。

“要战胜别人，首先须战胜自己。”这是智者的座右铭。有时候，我们的敌人不是挫折，不是失败，而是我们自己，如果你认为你会失败，那你就已经失败了，说自己不行的人，爱给自己说丧气话，遇到困难和挫折，他们总是为自己寻找退却的借口，殊不知，这些话正是自己打败自己的最强有力的武器。一个人，只有把潜藏在身上的自信挖掘出来，时刻保持着强烈的自信心，困难才会被我们打败，成功者之所以成功，是因为他与别人共处逆境时，别人失去了信心，他却下决心实现自己的目标。

困难是欺软怕硬的。你越畏惧它，它越威吓你；你越不将它放在眼里，它越对你表示恭顺。这个简单的道理我们每个人都懂，但说到畏惧困难，似乎那些刚出世没多久的小孩反倒比大人勇敢。孩子们敢和鳄鱼拥抱，和巨蟒共舞。因为无惧，所以无畏。

一个女儿向做厨师的父亲抱怨她生活的艰难。她的父亲把她带进厨房。他先烧开三锅的水，然后往第一口锅里放些胡萝卜，第二口锅里放一只鸡蛋，最后一口锅里放入碾成粉末状的咖啡豆。他将它们浸入开水中煮，一句话也没有说。大约20分钟后，他把火关掉了，把胡萝卜捞出来放入一个碗内，把鸡蛋捞出来放入另一个碗内，然后又把咖啡舀到一个杯子里。做完这些后，他才转过身问女儿，“孩子，你看见什么了？”

“胡萝卜、鸡蛋、咖啡”， 女儿回答。父亲让她靠近些并让她用手摸摸胡萝卜。她摸了摸，注意到它们变软了。父亲又让女儿拿一只鸡蛋并打破它。将壳剥掉后，她看到了是只煮熟的鸡蛋。最后，父亲让她喝了咖啡。品尝完香浓的咖啡，女儿笑了。她不解地问道：“父亲，这意味着什么？”

父亲解释说，这三样东西面临同样的逆境——煮沸的开水，但其反应各不相同。胡萝卜入锅之前是强壮的，结实的，毫不示弱，但进入开水之后，它变软了，变弱了。鸡蛋原来是易碎的，它薄薄的外壳保护着它呈液体的内脏。但是经开水一煮，它的内脏变硬了。而粉状咖啡豆则很独特，进入沸水之后，它们倒改变了水。“哪个是你呢？”父亲问女儿。“当逆境找上门来时，你该如何反应？你是胡萝卜，是鸡蛋，还是咖啡豆？”

一个人不可能做什么事都一帆风顺，困难和挫折是在所难免的。但是，我们绝不能在挫折面前被吓倒，而是要用理智面对它，冷静地找到战胜它的办法。心理承受能力差的人面对突如其来的挫折或是后退，或是消极抵抗。只有那些敢于挑战困难，能够审时度势，采取积极进取态度面对挫折的人，才会成就一番事业。

“现实中的恐怖，远比不上想象中的恐怖那么可怕。”当你遇到困难时，理所当然，你会考虑到事情的难度所在，如此，便会产生恐惧，将原本的困难放大。但实际上，假如你能减少思考困难的时间，并着手解决手上的困难，你会发现，事情远比你想象中简单得多。那些成功的人士，都是靠勇敢面对多数人所畏惧的事物，才能出人头地的。美国著名拳击教练达马托曾经说过：“英雄和懦夫同样会感到畏惧，只是英雄对畏惧的反应不同而已。”麦克阿瑟在西点军校的演讲中也曾说过这样一句话：“不正面面对恐惧，就得一生一世躲着它。”

要克服困难带给我们的恐惧，我们可以：

1.摒弃消极思想

你一旦受到周围消极思想的影响，想要再建立起积极的态度几乎是不可

能的。在你耳边，经常会响起一些消极词汇："小心"、"慢慢来"、"还不错"、"我早说过了"、"不可能"、"事情结束了"等。你应学会分辨消极和积极的言词，避免接触和使用消极的言词，因为答案总存在于积极正面的一方。

2.告诉自己"总会有别的办法可以办到"

很多年轻人不乏坚强的毅力，但是由于不去进行新的尝试，因而无法成功。请你坚持自己的目标，不要犹豫不前，努力向前，路就在脚下。但是也不能太生硬，不知变通。如果你确实感到行不通的话就要尝试另一种方式。

3.阶段性克服困难

你可以将一个大困难，分成一个个小困难逐一解决。也许一个大困难不好解决，但一个又一个小困难却不难克服。当你在不经意间克服了许多小困难后，你会发现，一个大困难也就迎刃而解了。

4.树立信心

缺乏自信一向是困扰人们的大问题，有项针对某大学选修心理学的学生所做的调查，其中有一个问题是个人最感困扰的事，调查结果显示，缺乏自信的人占75%的比率。在生活中，因循、畏缩、深陷于不安，无能感，甚至对自我能力怀疑的年轻人，几乎随处可见。而更为严重的是，这些年轻人在挫折和失败面前，更容易一蹶不振。实际上，他们不是被失败打败了，而是被自己打败了。

欠缺自信的人，将终日和恐怖结伴为邻。而越是被恐怖的乌云所笼罩，自我肯定的机会也就越是渺茫。美国总统罗斯福曾说过一句名言："我们唯一值得恐惧的就是恐惧本身，那会让我们莫名其妙地胆怯，会让我们为前进所付出的努力付诸东流。"

总之，年轻人，你需要记住的是，所谓的困难并没有那么可怕，我们之所以不敢勇敢跨出那一步，是因为我们内心的恐惧在作怪。恐惧将困难放大，就会压倒我们自己；而如果我们勇敢一点，打倒恐惧，我们会发现，原来，所谓的困难只不过是只纸老虎。

在磨难中砥砺心智，让自己更强大

相信每一个年轻的朋友都知道，在人生道路上，困难和挫折是难免的，人生起起落落无法预料，但是有一点我们一定要牢牢记住：将困难置于渺小的境地，你在心态上就战胜了困难。因此，当我们遇到逆境时，千万不要忧郁沮丧，无论发生什么事情，无论你有多么痛苦，都不要整天沉溺于其中无法自拔，不要让痛苦占据你的心灵。困难来临时，我们要有勇气直面困难，以顽强的意志战胜困难。

摩西奶奶曾告诫很多年轻人，生命路上，谁也不会一帆风顺，但困难也是砥砺人生的一把利器，年轻人要咬牙挺住，才能使自己永远立于不败之地，才能驾驭自己的人生，在真正意义上实现人生价值。

我们来到世上，要拥有驾驭生活的能力。而人们驾驭生活的能力，是从困境生活中磨砺出来的。和世间任何事件一样，苦难也具有两重性。一方面它是障碍，要排除它必须花费更多的力量和时间；另一方面它又是一种肥料，在解决它的过程中能够使人更好地锻炼提高。

年轻人，遇到难题时，我们绝不能像只鸵鸟那样把头埋在沙堆里面，将各种问题推开，这样，问题始终也不会得到解决。如果你能选择不把挫折拿来当成自己放弃努力的借口，那么，或许你可以从一个全新的角度，来看待一些一直让你裹足不前的经历。你可以退一步，想开一点，然后你就有机会说：“或许也没什么大不了的！”

人生之路，就如细流入海，不会是一帆风顺、一路坦荡的，总是要经历风风雨雨，坎坎坷坷。那些成功的人面对人生低谷的时候，总是能够心中坦然，不会屈服于挫折，而是勇于做一个承受痛苦、奋斗不息的人，以百折不挠的精神，继续奋力前行。

很久很久以前，有一个养蚌人，他想培育一颗世界上最大的最美的珍珠。

他去海边沙滩上挑选沙粒，并且一颗一颗地问那些沙粒，愿不愿意变成珍珠。那些沙粒都摇头说不愿意。养蚌人从清晨问到黄昏，得到的都是同样的结果，他都快要绝望了。

就在这时，有一颗沙粒答应了他。因为，它一直想成为一颗珍珠。

旁边的沙粒都嘲笑那颗沙粒，说它太傻，去蚌壳里住，远离亲人朋友，见不到阳光、雨露、明月、清风，甚至还缺少空气，只能与黑暗、潮湿、寒冷、孤寂为伍，不值得!

可那颗沙粒还是无怨无悔地随养蚌人去了。

斗转星移，几年过去了，那粒沙粒已经长成了一颗晶莹剔透、价值连城的珍珠，而曾经嘲笑它傻的那些伙伴们，却依然只是一堆的沙粒，有的已化为尘埃。

如果说这世上有“点石成金术”的话，那就是“艰辛”。你忍耐着，坚持着，当走过黑暗与苦难的隧道之后，你或许会惊讶地发现，平凡如沙粒的你，不知不觉中已长成了一颗珍珠。

因此，我们每一个年轻人都应该记住：逆境总是吞噬意志薄弱的失败者，而常常造就毅力超群的事业成功者。磨难是魔鬼，它夺走了你的光明。磨难也是天使，它是一座深不可测的宝藏。要在逆境中赶走魔鬼、拥抱天使，最重要的美德就是坚韧。

约翰·库缇斯是澳大利亚人，他天生严重残疾，骶骨没有正常发育，出生时双腿像青蛙般细小。连医生都被他生命最初的这个形态吓住了。医生给了约翰的父亲一个残酷的预言，他活不过一年。可是，35年后的今天，他依然自由自在地做他想做的事。约翰·库缇斯用百折不挠的精神创造了生命史上的奇迹。

可是，不难想象，天生的残疾注定了约翰·库缇斯要经受很多磨难，他说他能生存下来的原因就在于敢于面对现实，主动迎击生活。他坚定地说：“一个人一旦确定了自己的目标，就要去努力实现它。不要怕失败。1000次摔倒，可以1001次地站起来。摔倒多少次没关系，重要的是，你能站起来多少次。”

约翰学会了用手走路，因为嫌用手走路速度太慢，他又成了一个滑板高手。他还学会了开车并考取了驾照；学会了潜水、游泳，拿到了澳大利亚残疾人网球赛的冠军和全国举重亚军……

他梦想当演说家：“我要在10年内成为历史上最伟大的演说家。”现在，世界上至少已有超过35万的观众听过他的演讲。2004年是约翰的“中国年”，他将在中国的15个省市做巡回演讲。他说“如果我可以做到，你为什么不能做到？”

1999年，约翰在巡回演讲途中被查出患了癌症。可是约翰不信，他开始阅读关于癌症的资料，并积极配合医生的手术和治疗。果然，奇迹再次发生了，2000年5月，他被正式列入癌症痊愈者行列。

百折不挠，勇往直前是约翰战胜一个个磨难的利器，这种精神是取得成功的基础。没有这种精神，再厉害的人也不能体味到成功的喜悦，而只能羡慕别人的成功，慨叹自己命不如人。

一个人跌倒并不可怕，可怕的是跌倒之后爬不起来，尤其是在多次跌倒以后失去了继续前进的信心和勇气。不管经历多少不幸和挫折，内心依然要火热、镇定和自信，以屡败屡战和永不放弃的精神去应对挫折和困境。那么，你会不断强大起来。

年轻人在面对困难和逆境时该怎样做呢？

1.做好最坏的打算

谚语常说：“能解决的事不必去担心，不能解决的事担心也没用。”这样一想，你会发现，在最坏的情况面前，也没什么可忧虑的，那么，你也就能变得积极了。

人生拥有的是不断的抉择。看你用什么态度去看待这些有赖你决定的无数机会。能够纵观每件事情、每个问题的正反两面，你将发现内心最深沉的恐惧在所有状况明朗、了解之后将会自行化为乌有。

2.学会转换思维

比如，面对着半杯水，对于乐观旷达、心态积极的人而言，是："哈，真高兴我还有半杯水！"对那些悲观沮丧、患得患失的人而言，则是："唉，只有半杯水了，这该如何是好呀？"

在人生的际遇中，始终存在着两个机会：对那些乐观旷达、心态积极的人而言，两个都是好机会。对那些悲观沮丧、心态消极的人而言，两个都是不好的机会。

3.不要强迫自己去忘记某件事情，把一切交给时间

忘记任何一件痛苦的事，都需要一个过程。因此，有时偶尔会想起它，其实也无妨。当你想起它时，你可以对自己说：那都是过去，看我现在多快乐啊！相比过去而言，现在的我是多么地幸福啊……人要往前看，往好处想，这样，随着时间的流逝，那些过去也就真的成为"往事"了。

总之，年轻人，在生活中，你可能遇到某些困难，遇到某些不顺心的事，你可能会因此变得沮丧。这时，应告诉自己，困境是另一种希望的开始，它往往预示着明天的好运气。你只要放松自己，告诉自己希望是无所不在的，再大的困难也能坦然面对。

Part 12

静下心来，扎扎实实地走好每一步

››››››››

摩西奶奶是很多年轻人学习的榜样，更是他们的人生导师，然而，我们惊叹摩西奶奶在绘画上的天赋和成就时，却没有看到她在背后付出的努力。事实，任何一个取得成功的人，都是因为他付出了超乎常人的努力。一个人要想获得人生的幸福，那么每一天都应该勤奋工作。每一个初入社会的年轻人都要和摩西奶奶一样，有踏实肯干的精神，从现在起，无论是做事还是学习。你都要做到不腻烦、不焦躁，埋头苦干，不屈服于任何困难，坚持不懈；只要你坚持这样做，就能造就优秀的人格，而且会让你的人生开出美丽的鲜花，结出丰硕的果实。

››››››››

一步一个脚印，总会登上成功的顶峰

摩西奶奶在开导很多处于困惑中的年轻人时，都曾告诫他们，一定要脚踏实地，只有一步一个脚印，才能真正学到知识，获得进步，才能最终登上成功的顶峰。作为年轻人，无论是学习还是做事，都要专注于眼前的目标并做到持之以恒，只有这样，才会有所成效。正如托马斯·爱迪生所言，成功中天分所占的比例不过只有1%，剩下的99%都是勤奋和汗水。

成功者之所以成功，就是因为在专注的过程中，经过了沮丧和危险的磨练，才铸就了天才。

1985年，在美国的职业篮球联赛中，洛杉矶湖人队靠着各位球员们已达顶峰的球技，赢得冠军可以说是唾手可得。但在最后的决赛时，因为各个方面的原因，湖人队却意外地输给了波士顿的凯尔特人队，这让所有的球员和教练派特·雷利感到十分沮丧。

派特·雷利是一名金牌教练，他绝不会眼看着自己的球员们继续停留在沮丧中。为了让球员们重振信心，他告诉大家：“从今天开始，我们可不可以罚篮进步一点点，传球进步一点点，抢断进步一点点，篮板进步一点点，远投进步一点点，每个方面都能进步一点点？”球员不假思索地答应了他的要求。

接下来，派特·雷利带领球员们进行了为期一年的训练，这一年内，所有球员始终抱着让自己“进步一点点”的精神，不断地提高自己的球技。

终于，在1986年的美国职业篮球联赛中，湖人队不负众望，轻而易举地夺得了冠军。

派特·雷利在获得冠军的时候，对所有球员们说："我们的成功不是偶然的，想想，我们12位球员一年中在五个技术环节方面分别进步了1%，所以一个球员进步了5%，全队就进步了60%，在球技上处于巅峰的湖人队，提升了60%，甚至更高，所以我们获得出人意料的成绩是理所当然的。"

看完湖人队取得成功的故事，年轻人，你应该有所启示，只要你每天进步一点点就已经足够。在人生的道路上，每天前进一点点，就是稳健的、持续的前进过程。"不进则退"，只要是在前进，无论前进多么小的一点都无妨，但一定要比昨天前进一点点。人生也必须每天持续小小的努力，才能有所成就。

知识和能力、经验的积累，都像建造房子，从砖到墙、从墙到梁，是一个循序渐进的过程，任何能力和知识的得来都不是一蹴而就的，也不是下了决心就能获得的，这是一个长期的过程。实际上，无论做什么，水滴就能石穿，每天进步一点点，并不是很大的目标，也并不难实现。也许昨天，你通过努力学习获得了可喜的成绩，但今天你必须学会超越，超越昨天的你，你才能更加进步，更加充实。人生的每一天都应该充满新鲜的东西。

初入社会，任何一个年轻人，都满腔抱负，希望可以一展拳脚，做出一番成绩来，但现实告诉我们，必须要从最基础的工作做起。这对于心浮气躁的年轻人来说，无疑是更高层面的挑战。

当然，坚持就是需要培养自己的耐力，就是要坦然面对任何困难。

日本著名企业家松下幸之助，就是一个在困难中勇于挺住，赢得时间，最终成就大业的商界巨人。他在谈经营管理的论著中，专门阐述了如何面对经济不景气的问题。他认为，不景气是企业发展过程中的一个阶段。从景气到不景气，再到景气，这是经济发展的客观规律。当不景气来临时，正好考验经营决策者的能力和胆识。他说，"利用不景气打天下，当大家在不景气下一筹莫展时，你仍有开拓事业的勇气和能力，再不景气下去将来就是你的天下了。"

松下幸之助正是在创业初期利用不景气进行负债经营，添置设备，在渡过困境后才有了更大的发展。由此可见，耐力是时间上的坚持，能持久挺过最

困难的时间正是有耐力的体现。如果我们在工作中遇上了麻烦和阻碍，要勇于坦然面对，尤其是一时半会儿不能解决的问题，一定要做好长时间作战的打算，要有足够的耐心和耐力。耐力需要时间的考验，时间能够消除许多问题。等一等，拖一拖，可能事情就会发生变化。耐力越持久，解决问题的机遇和办法也越多。当然，等和拖不是被动的，在等待中要积极寻找突破口，创造条件去克服困难。从“山重水复疑无路”到“柳暗花明又一村”，期间需要时间与耐力。

总之，年轻人，你也要记住摩西奶奶的忠告，没有伟大的意志力，就不可能有雄才大略。无论做什么事都要踏踏实实，一步一个脚印，持续和努力会为你带来意想不到的收获。

脚踏实地才是实践梦想的唯一途径

关于未来，可能每个初入社会的年轻人都有很多幻想，他们豪气万丈、为自己编织着美好的未来，或希望自己成为某个行业的精英，或拥有自己的事业等。你们也会被灌输理想对人生的作用和价值，树立理想是好事，它可以匡正你的言行，让你的努力都有一个明晰的主线，但无论如何，你千万要记住，只有脚踏实地才是实现梦想的唯一途径，对理想的憧憬，也千万别过了头。

如果你每天把大把的时间都花在了展望自己的未来上，而不制定实现梦想的计划，那么，你的梦想最终只能遥遥无期。

摩西奶奶在谈及年轻人的梦想这一问题时曾说过，年轻时我们都喜欢编织梦想，但任何梦想，都只有建立在踏实努力的基础上，才有实现的可能。

著名的心理学教授丹尼尔·吉尔伯特认为：当人对未来充满憧憬时，那种感觉就像你已经在经历那一刻的美好，但这不过是个想象的黑洞，无休止地融

入我们毫无关联的期待与先入为主。的确，对于未来的过分憧憬，反而会抹杀自己对未来更为可靠的理性预测。

没有人可以在脱离行动之外收获成功，真正的喜悦也是来自实践过的经历。哈佛大学的心理学家认为，当人们尝试着估计自己能从未来的经历中获得多大的乐趣时，他们已经错了。人生只有经历过，才能品味出真实的味道，也只有脚踏实地的对待生活，才会活出自己。

一直以来，人们都赞赏那些有伟大梦想、眼光长远的人，但很多人在憧憬未来时，难免有几分浮躁之气。有时候，当事情还没做到一半时，他们就认为自己已经大功告成，开始飘飘然了。急功近利，只讲速度，不讲质量，看不起眼前的小事，认为如此做不出什么名堂来，没有什么意义。

我们先来看一个年轻人的故事：

小李是某名牌大学的经济系高材生，毕业前，他的梦想是考上国家公务员，如果不行，就考省里的，再次，市里的也行。这是他人生规划的一部分，他还有一个梦想就是在城里买座大房子，把父母接过来，然后在城里安家立业。然而，很多时候，现实与愿望就是相差甚远，参加考试，要么是成绩不理想，要么是面试没通过。曾经一度，小李认为自己的人生就这么完了。

后来，小李终于走出阴霾，考不上就去做别的，总会有一条生存的路。于是，他开始找工作。他是个有抱负的人，他心想，自己是个名牌大学的学生，能力也不比别人差，为此，一定要做出一番事业。终于，他投出的简历得到了回应。面试时，由于学历不错，长相谈吐也都大方自然，一些私企有意向录用他当文员或者秘书。“办公室里的好多人员学历不如我，能力也不如我，我觉得大材小用了。”所以，辗转了好几个类似的工作，就是做不长。

就在小李不知何去何从的时候，他的表哥请他到家里坐了坐。“他连小学都没毕业，如今却开着名车，还娶了城里漂亮的姑娘。”小李心里很不是滋味。

表哥告诉他：“其实，你应该感到幸福，你想想我，那时候，没有学历，

没有背景，而你呢。有这么多人疼着你，还供你上了大学，长得一表人才，前途光明着呢，别丧气啊！人有时候就是不能太较劲了，也不能急于求成，也不能把自己太当回事了。苦你得吃得，气你得受得。你哥我不就是盘子端过、碗洗过，被人骂过，一步一个脚印，脚踏实地的走，才有了今天。”表哥的经历让小李彻底明白了一个道理：要想成功，起点固然重要，但脚踏实地的努力更重要。

现在的小李已经大学毕业两年了，最终明白了一个道理:找不到理想的工作，与其自暴自弃，怨天尤人，还不如踏踏实实，在一个自认为还有着足够兴趣的岗位上一步一个脚印走。后来，小李平静下来，在省城一家四星级酒店找了份工作，现在他已经是前台经理了。

生活中，可能有很多刚踏进社会的年轻人都和小李有着相同的经历，满腔热血却被现实浇灭，但扪心自问，问题却在自身，与其打着灯笼满世界找满意的工作，不如踏实下来，勤奋工作。要知道，只要拥有伟大的意志力，就能经受各种艰难困苦的考验，才能造就自己的雄才大略。可能目前这份工作让你感到很沮丧，你觉得前途渺茫，但你真的做到了勤恳工作吗？既然没有，那么，何不尝试一下呢？努力工作，你会发现，成长始终伴你左右！同样，年轻人，你应该深知，要想实现梦想别无他法，只有脚踏实地。

其实，生活中，那些成功者往往是那些做“傻”事的笨人，输得最惨的恰恰是那些聪明人。笨人深知自己不够聪明，所以他们努力学习、埋头苦干，最终他们如愿以偿。而聪明人做事时则不肯下力气，总想着耍小聪明，投机取巧，所以往往输得很惨。智慧和实干比起来，实干更加不可或缺。

总之，每一个年轻人都必须记住摩西奶奶的话，梦想的实现必须扎根在现实的土壤里。任何一个怀揣梦想的年轻人都应该让自己沉下心来进入角色，越早进入就意味着你越早步入事业的轨道离梦想的实现就会更进一步。

内心恬淡，目的性别太强

有人说，生活就是由各种大大小小的事组成的，按照世俗的标准，人们在做事的时候，有成功，就有失败；有得意之作，也就有失意之作；有过艰辛，当然也伴随着快乐。成功如何？失败如何？其实，这些都是生活的插曲而已。无论如何，我们都要保持内心恬淡，这样，才能从容面对人生。

同样，对于生活中的年轻人，他们也害怕失败，渴望成功，于是，他们在做事前，都会产生各种顾虑，都会迟疑不定，而实际上，正是因为对做事成果有太强的目的性，而导致了我们有可能失去勇气，还有可能在做事的过程中产生恐惧、担忧的情绪，最终也会影响做事结果。在现实生活中，很多人常常就是因为左顾右盼而没有具体行动，最终一事无成。

对此，年轻人敬仰的摩西奶奶曾总结出自己对待人生的态度——快乐至上，她就是个快乐的成功者，她的成功没有那么多的痛苦，可以说是无心插柳，并且，她一直坚持本心，在摩西奶奶成名后，她还对他人说："我依然过着平静的日子，我依旧是孩子们眼中唠叨的曾祖母。"

生活中的年轻人，你能做到如摩西奶奶般的淡定从容吗？"凡事顺其自然；遇事处之泰然；得意之时淡然；失意之时坦然；艰辛曲折必然；历尽沧桑悟然。" 这"六然"的句子，凝集了人生的处世智慧。然而，人们更愿意相信事在人为，当然，相信人的力量是积极向上的一种表现，但刻意的追求可能会带来失落、沮丧、遗憾等，以顺其自然的心态面对，反而会收获满满！

哲学家尼采曾说："有人认为做事应该用全部的力气，其实，最合适的力气是四分之三，前者总会给人一种压抑的印象，充满紧张，难免令人感到不快与浑浊的兴奋。而且这样的作品，总会透着一股作者的"人臭味"。 但是用四分之三的力气完成的东西，就能让人感受到一种舒畅，也会给人以安心、健康、舒适之感。也就是说，这样的东西更能为众人所接受。"尼采的这段话里

所说的人臭味，指的是目的性，对做事成果的功利性期待，而以四分之三的力气做事，则是能让人在轻松的心境下完成工作。

一天，有人问一个农夫，是不是种了麦子。农夫回答："没有，我担心天不下雨。"那个人又问："那你种棉花了吗？"农夫说："没有，我担心虫子吃了棉花。"于是那个人又问："那你种了什么？"农夫说："什么也没有种。我要确保安全。"

其实，我们又何尝不是和农夫一样呢？在行动前，我们往往就为自己想好了失败之后的退路，这样永远都不会成功，只会与目标渐行渐远。

据史书记载，距今1400多年前，我国南北朝时期的北魏，有一位名叫罗结的大将军，是个罕见的长寿者，终年120岁。他在谈长寿秘诀时说："饮食有节，起居有常，作息有时，清心寡欲，少说多做，无忧无虑。"当时的太武帝听后欣喜地说："大将军所言极是，世上许多美事，人们顺其自然，即不欲而得。"他用"顺其自然"四个字概括了一个大道理。

据官网消息：截止到2009年9月1日，中国（不包括港澳台）健在的百岁老人40592名，约占全国人口总数的3.06/10万；约占世界百岁老人的11.94%。

中国十大寿星的长寿秘诀：一是饮食节制。二是起居规律。三是心胸宽广。四是家庭和睦。五是勤劳好动。六是遗传基因。

强扭的瓜不甜，强求的事难成，一切要尽量顺其自然。只要我们付出四分之三的力气就好。

那么，年轻人，我们该怎样学会用四分之三的力气做事呢？

1.树立正确的人生态度

人生态度，是贯穿于人一生的，它具体表现在人们对于人生中所遇到的每个问题上的态度，这种态度决定了人们的行为。当然，人们的人生态度不同，在人生每个阶段上的态度也有所不同，但正是因为人生态度的不同，从而引发了不同的人生结果。

一个人只有拥有正确的人生态度，才能正确处理好人生道路上的种种问

题，才能获得成功、圆满的一生，否则，他不仅在每个具体问题上失败，而且他的一生也不会有一个好的结局。

2.排除功利性因素，真诚地追求梦想

如果你留心一下周围形形色色的人，就会发现，一些人生活得开心、快乐，并不是因为他们坐拥名利地位、豪宅名车等，他们只不过是能够真正地为实现梦想而努力，怀着最真诚的心去努力寻找自己想要的东西而已。然而，现实生活中，多数人对于那些最初的梦想，应该都只是把它们当成最遥远的梦想而默默地埋藏心底吧！当你年迈时，是否才会感到遗憾?

事实上，大多数人之所以与梦想渐行渐远，就是因为他们总是给自己找很多理由，例如：我资金不够多；我学历不高；竞争太激烈，做这个太冒险了；我没有时间；我的家人不支持我……而没有足够的资金，没有学历，没有这个那个，其实一切都是因为你太在意成败，却忘了那句最常听说但却最容易忽略的话：胜败乃兵家常事，左右迟疑只会一事无成。

这句话在当时听似乎有点自负，但却真实地说明了爱因斯坦对自己有充分的认识和把握。

人生路漫漫，人生路奇妙，因为各种突如其来的选择，使我们与许多本来有缘的道路绝缘，又会走上本来不应产生关系的道路。而我们需要做的是，无论是做事还是追求人生理想，都不要绷紧自己的弦，用四分之三的力气就好，这样，你才能离你想要的舞台越来越近。

思虑周全，每一个细节都别放过

古人云：“凡事预则立，不预则废。”大到国家，小到个人，做事都必须要有计划性，只有做到缜密行事、步步为营，才能让成功多一份胜算，大凡要

把一件事情做好，一般都要经历资料收集、深入调查、分析研究、最终下结论这样一个过程。

诚然，我们已经肯定了理想和愿望在追求成功道路上的重要性，正如摩西奶奶告诫年轻人的那样，立志要趁早，为未来奋斗，不要让未来的你讨厌现在的自己，要不断为自己设置更高的标准，只有这样，才能取得令人满意的出色成果。但我们需要明白的是，这一愿望的实现必须要有一个清晰的规划，要考虑周全。

生活中，很多年轻人，他们始终改不了粗糙的毛病，思考问题时，思路混乱，东拉西扯，始终是稀里糊涂；生活中也是粗糙大意。而结果只能是，事情做不到尽善尽美。而长此以往，也就形成了一些不良的行事习惯，成功更加遥遥无期。

可能你会天真地认为，那些小问题怎么会影响到大局呢？对一些细节问题，比如，一个小数点的遗漏不仅会影响到你这道题的演算结果，甚至会影响一笔巨大的投资款项。因此，从现在起，一定要培养自己关注细节的习惯，一件事情，如果你做到了99%，就差1%，但就是这点细微的区别会导致你很难取得突破。

没有条理、做事没有秩序的人，无论做哪一种行业都没有功效可言。而有条理、有秩序的人即使才能平庸，他的事业也往往有相当的成就。

拿破仑是一位传奇人物，这位军事天才一生中都在征战，曾多次创造以少胜多的著名战例，至今仍被各国军校奉为经典教例。然而，1812年的一场失败却改变了他的命运，从此法兰西第一帝国一蹶不振逐渐走向衰亡。

1812年5月9日，在欧洲大陆上取得了一系列辉煌胜利的拿破仑离开巴黎，率领浩浩荡荡的60万大军远征俄罗斯。法军凭借先进的战法、猛烈的炮火长驱直入，在短短的几个月内直捣莫斯科城。然而，当法国人入城之后，市中心燃起了熊熊大火，莫斯科城的四分之三被烧毁，6000多幢房屋化为灰烬。俄国沙皇亚历山大采取了坚壁清野的措施，使远离本土的法军陷入粮荒之中，即使在莫斯科，也找不到干草和燕麦，大批军马死亡，许多大炮因无马匹驮运不得不毁弃。几周后，寒冷的天气给拿破仑大军带来了致命的诅咒。在饥寒交迫下，1812年冬天，拿破仑大军被迫从莫斯科撤退，沿途大批士兵被活活冻死，到12月初，60万拿破仑大军只剩下了不到1万人。

关于这场战役失败的原因众说纷纭，但谁又能想到是小小的军装纽扣起着关键的作用呢。原来，拿破仑征俄大军的制服上，采用的都是锡制纽扣，而在寒冷的气候中，锡制纽扣会发生化学变化成为粉末。由于衣服上没有了纽扣，数十万拿破仑大军在寒风暴雪中形同敞胸露怀，许多人被活活冻死，还有一些人得病而死。

拿破仑的失败，正验证了人们说的“成也细节，败也细节”，细节能带来成功，同时也能导致失败。细节就好比是精密仪器上的一个细微的零部件，虽然只是一个细小的组成部分，但是却起着重要的作用，一旦这个“零部件”出错，那就意味着全盘皆输。

很久以前，在黄河岸边，有一座村庄，这座村庄的村民经常受到黄河水患的祸害，于是，为了防治水患，农民们筑起了巍峨的长堤。

一天，有个老农偶尔在大堤上发现好几个蚂蚁窝，老农民心想，这些蚂蚁窝会不会对黄河大堤产生一些负面影响呢？他把自己的担忧告诉了自己的儿子和村里人，但他们听后不以为然地说：那么坚固的长堤，还害怕几只小小蚂蚁吗？于是，老农也放心地耕地去了。

谁知道，当天晚上风雨交加，黄河水暴涨。咆哮的河水从蚂蚁窝始而渗透，继而喷射，终于冲决长堤，淹没了沿岸的大片村庄和田野。

这就是“千里之堤，溃于蚁穴”这个成语的来历。在我们生活的周围，也经常发生因为细节上的欠缺考虑而导致“满盘皆输”的后果。这给所有初入社会的年轻人一个警示：无论是学习还是做事，都要做到思虑周全，忽略细节必将导致功亏一篑。当然，做好生活中的每一件小事也并不容易。

曾经，有位管理专家一针见血地指出，从手中溜走1%的不合格，到用户手

中就是100%的不合格。为此，员工要自觉地由被动管理到主动工作，让规章制度成为每个职工的自觉行为，把事故苗头消灭在萌芽之中。也曾有位商界名家将“做事没有条理”列为许多公司失败的一大重要原因。

也许每个年轻人心中，都有一个伟大的梦想，但成功并不是一蹴而就的，没有人能随随便便成功，这就要求你养成周全的思维习惯，做事没有条理，同时又想把蛋糕做大，这是不可能的。只有步步为营、严禁行事，才能做到更有条理、更有效率。由于办事不得当、工作没有计划、缺乏条理，因而浪费了大量精力后还是无所成就。

那么，生活中的年轻人，该如何培养自己周全的思维习惯呢？

1.勤于思考

思维的力量是巨大的，但人的大脑就如同一台机器，长时间不使用，它的工作能力就会下降甚至不适用。因此，要想有智慧，就要有一颗善于思考的头脑。真正的“有头脑”，指的是善思考、勤实践，有思想、智慧、远见、卓识和才干。

年轻人在日常生活中，如果你遇到一些以你的知识储备不能解决的问题，就要开动自己的大脑，用自己的方法找到答案。举个很简单的例子，房间的台灯坏了，你可以自己动手修修看，不明白的地方，可以从物理书上找到答案。当你学会了修理台灯，家里很多小电器坏了，你都可以自己解决了。

2.做任何事都要制定完善的计划和标准

要想把事情做到最好，你必须在心中为自己设定一个严格的标准，并且，在做事时，一定要按照这个标准来执行，决不能马虎；另外，在做任何一项决策前，一定要思虑周全，并作广泛的调查论证，广泛征求意见，尽量把可能发生的情况考虑进去，以尽可能避免出现1%的漏洞，直至达到预期效果。

3.做事要有条理有秩序，不可急躁

急躁是年轻人的通病，但任何一件事，从计划到实现的阶段，总有一段所谓时机的存在，也就是需要一些时间让它自然成熟的意思。假如过于急躁而不甘等待的话，经常会遭到破坏性的阻碍。因此，无论如何，我们都要有耐心，压抑那股焦急不安的情绪，才不愧是真正的智者。

静下心来，年轻人要改掉浮躁的弱点

现实生活中，相信每个年轻人都有自己的理想，并渴望成功，当然，成功者是少数，大部分都不能成功，最主要的原因是这些人不肯静下心来踏踏实实做事、从本职工作开始积聚自己的力量。只有一步一个脚印，踏实、不浮躁的做事，才能为成功奠定基础。

摩西奶奶是个恬淡的人，她的画作为什么能被大家赏识？因为她的画风展现了她的个人风采——清新脱俗。为什么这样一个从未见过大世面的贫穷农夫的女儿、农场工人的妻子能成为世人瞩目的画家？因为她内心平静，正如她所说的："我未幻想过成功，当成功的机遇撞上了我，我也依然过着绘画的平静日子。"

摩西奶奶告诉前来求教的年轻人，当你不计功利地全身心做一件事情时，投入时的愉悦、成就感，便是最大的收获与褒奖。

摩西奶奶希望所有的年轻人明白，一定要静下心来充实自己，踏实是实现人生目标的唯一途径。曾有这样一个故事：

在日本的一家小工厂里，有一位工人，初中学历。

他的上司总是对他说："这事要这么做"，无论上司说什么，他总是一一记下，生怕漏了什么。每天，他的话都不多，总是埋着头在做他自己的事，双手粘黑，额头流汗。无论上司布置什么任务，他都日复一日，不厌其烦地认真完成。在工厂里他毫不显眼，一直默默无闻，但从无牢骚，也从无怨言，兢兢业业，孜孜不倦，持续从事着单纯而枯燥的工作。

20年后，当他已经离职的老上司再看见他时，他吃了一惊。当那么默默无闻、只是踏踏实实从事单纯枯燥工作的人，居然当上了事业部长。关键是，令他惊奇的不仅是他的职位，而且言谈中他体会到，这位工人已经是一个颇有人格魅力、且很有见识的优秀的领导。“取得今天这样的成就，你很棒！”

这位工人看上去毫不起眼，只是认认真真、孜孜不倦、持续努力地工作。但正是这种坚持，使他从平凡变成了非凡，这就是坚持的力量，是踏实认真、不骄不躁、不懈努力的结果。

任何一个成功者都知道，在刚刚步入社会时，让自己沉下心来进入角色是非常重要的，越早进入就意味着越早地步入事业的轨道。每天都让自己成熟一些，浮躁之气自然会少下来。正如托马斯·爱迪生所言，成功中天分所占的比例不过只有1%，剩下的99%都是勤奋和汗水。

生活中的年轻人，对于工作，一定要树立踏实的态度。要想获得成功，就得付出坚强的心力和耐性。

然而，我们不得不承认的是，浮躁的现象在当今社会的年轻人中普遍存在，具体的表现在于：事情才刚刚做到一半，他们就觉得已经大功告成了，便开始松懈起来。急功近利，只讲速度，不讲质量，看不起眼前的小事，认为干它没有什么意义。他们的兴趣没有被提升起来，挑战自己和别人的欲望也被压抑着。

总之，一定要明白一点，没有哪个人可以永远独占鳌头，在瞬息万变的世界中，惟有脚踏实地的人才能够掌握未来。

那么，你该如何克服浮躁心理呢?

1.要有务实精神

务实其实就是脚踏实地，不浮躁，只有打好基础，你才能开拓未来，否则，只是空虚的花架子。

2.重视生活中的每一件小事

生活中，不能否认，有一些年轻人，他们表现出来的是“什么都不在乎”

的态度，并错误地认为这是“潇洒”，于是，工作上他们采取随便应付的态度，对周围发生的事也不予关心，持这样的态度，又怎么能进步呢？有人问洛克菲勒：“成功的秘诀是什么？”他说：“重视每一件小事。我是从一滴焊接剂做起的，对我来说，点滴就是大海。”年轻人，你们也应记住洛克菲勒成功的秘诀，从现在起，对生活和工作上的每一件小事，都要持认真的态度。

3.修饰你做事的每一个细节

世界上许多伟大的事业都是由点点滴滴的细节小事汇集而成的。在小节上能够表现好的人，在成功路上一定会避免许多漏洞。相反，如果一个人不能关注细节问题，往往会因小失大，自毁前程。完美的细节代表着永不懈怠的处世风格，也是一个人追求成功的资本。

4.做好积累，发现机遇

你要明白一个道理：没有小，就没有大；没有低级，就没有高级。每天那些点滴的小事中都蕴藏着丰富的机遇，伟大的成就都来自每天的积累，无数的细节就能改变生活。

5.遇事善于思考

考虑问题应从现实出发，而不能凭意气用事，学会站在全局的角度看问题，你就能看得远，寻找到最好的解决方法。

事实上，不少年轻人，可能也认识到自身存在粗心大意的毛病，那么，从现在起，对待生活、学习上的任何一件事，你不妨都予以关注，关注其细节是否完善，从细节入手，你会发现，你也可以变得卓越！

并且，如果你能够坚持，真正的静下心来，认真地去做事、学习，你能做的比现在好很多。只有拭去心灵深处的浮躁，才能找到幸福和快乐，那么，幸福和快乐在哪里？幸福和快乐其实就在每个人的心里。只要你愿意，随时都可以支取。在很多时候，我们都急需在心中添把火，以燃起某些希望。

Part 13

梦想这条路，比别人坚持久一点

››››››››

有人说，人生就像一场牌局，真正让这场牌局精彩的人，即使拿到的是最差的牌，也会坚持到最后，精心打出每一张牌，也就是说，恒心是我们每个人获得成功人生的前提。年轻人敬仰的摩西奶奶就是有着锲而不舍精神的人，即便在她生命的最后几年，她也一直坚持绘画。因为她知道，梦想这条路，只有坚持，才有实现的一天。的确，世界上的事情就是这样，成功需要坚持，年轻人也要记住这一点，做任何事，如果有丝毫松懈，你就会前功尽弃。

››››››››

总有一天，你会成为自己想成为的那个人

现实生活中，有不少年轻人，他们早已为自己树立了人生目标，并告诉自己，进入社会以后要努力工作，要努力充实自己，而随着时间的推移，他们发现，为理想奋斗是如此需要努力和恒心的一件事，目标仍然遥远，而这样，是不可能收获胜利果实的。现实案例告诉我们，百分之九十的失败者其实不是被打败，而是自己放弃了成功的希望。任何一个年轻人，都要记住，在追求梦想的过程中，无论你遇到什么，都要咬紧牙关，不要放弃最后的努力。因为成功与不成功之间的距离，并不是一道巨大的鸿沟，它们之间的差别只在于是否能够坚持下去。

摩西奶奶是坚持心中梦想的典型代表，在她生命的最后几年，她也依然没有放弃绘画。还有一次，她对她的曾孙女说："谁都可以绘画，在任何年龄都可以绘画，因为绘画是一种表达世界的方式，如果你不喜欢绘画，可以选择写作、歌唱或者是舞蹈，但无论如何，你都需要找到你心中的那条路，并且，你需要为之付出心血和精力，热爱并坚持自己的事业。"

同样，生活中的年轻人，也要从摩西奶奶的话中获得启示，只要你坚持，总有一天你会变得很棒的。"生命不息，奋斗不止"，不应只是成功者的做事原则，也应该成为每个渴望实现卓越人生的年轻人的共识。

诺贝尔奖获得者巴斯德曾豪迈地宣称："告诉你达到目标的奥秘吧，我唯一的力量就是我的坚持精神。"需要持之以恒的原因就在于，世上凡是有价值的事情通常都是有一定难度的，不可能一蹴而就，因此只有持之以恒才能

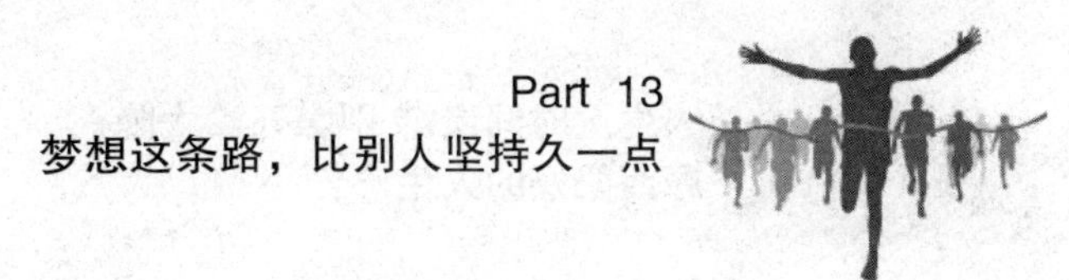

完成。

作为美国前职业棒球明星，威廉·怀拉在40岁时因体力不济而告别体坛另谋生路。他以为，凭自己的知名度去保险公司应聘推销员不会有什么问题。可结果却出乎意料，人事部经理拒绝道："推销保险必须笑容可掬，但您做不到，无法录用。"

面对冷遇，怀拉没有打退堂鼓，他决心像当年初涉棒球领域那样从头开始学习"笑"。由于天天要在客厅里放开声音笑上几百次，邻居产生误解：失业对他刺激太大，他精神出了问题。为了不干扰邻居，他只好把自己关进卫生间里练习。

过了一个月，怀拉跑去见经理，当场展开笑脸。然而得到的却是冷冰冰的回答："不行！笑得不够灿烂。"

怀拉天生就是一个执着的人，他回到家里继续苦练起来。一次，他在路上遇见一个熟人，非常自然地笑着打招呼。对方惊叹道："怀拉先生，一段时日不见，您的变化真大，和以前判若两人了！"

听完熟人的评论，怀拉充满信心地再次去拜见经理，笑得很开心。

"比以前好点了。"经理指出，"然而还不是真正发自内心的那一种。"

怀拉不气馁，再接再厉，最后终于如愿以偿，被保险公司录用。这位昔日棒球明星严肃冷漠的脸庞上，绽放出发自内心婴儿般的笑容。那笑容是那样天真无邪，那样讨人喜欢，令顾客无法抗拒。就是靠这张并非天生而是苦练出来的笑脸，怀拉成了全美推销保险的高手，年收入突破百万美元。

威廉·怀拉发自内心地说："人是可以自我完善的，关键在于你的热情。"

任何人都会有热情，不同的是，有的人只有30分钟的热情，有的人热情可以保持30天，而一个成功者却能让热情持续30年乃至终生。热情激发出我们的潜能，让我们发挥出无穷的活力，是热情让人笑迎挫折，最终成功。

事实证明，任何一个目标肯定的人，都不会迷茫，更不会中途放弃。一个

人要想获得人生的幸福，那么每一天都应该勤奋工作。付出不亚于任何人的努力是一个长期的过程，只要坚持就一定能够获得不可思议的成就。

那么，年轻人，你该怎样努力才能让自己成为自己所希望成为的那个人呢?

1.进取心态最为根本

许多天才因缺乏勇气而在这世界消失。每天，默默无闻的人们被送入坟墓，他们由于胆怯，从未尝试着努力过；他们若能接受诱导起步，就很有可能功成名就。

对于普通的你来说，只有树立理想，点燃激情，才能激发出无限的潜能。

2.唤醒自己的梦想

年轻人心中都会有一个属于自己的梦想，但紧张的工作，可能会让你搁浅心中的梦想。也正是因为你失去了梦想，你才会显得无力，没有热情。任何人潜能的激发只有具有伟大的动力，才会被最大限度地激发出来。因此，不要犹豫了，为理想奋斗吧，你的人生才会闪光!

3.不断学习，并把学习深入贯彻到生活中

成功，取决于人的能力；而能力，则取决于人的学习——归根到底，成功取决于学习。不断地学习知识，正是成功的奥秘！但学习来不得半点虚伪，只有把学习融入到生活中，引起足够的重视，才能有所成效。

4.勤奋进取

你要记住，既然年少，就难免贪玩，但这不能成为我们懒惰和不进取的理由。时间要靠自己把握和积累，哪怕只是利用自己一些空闲的时间，哪怕你已经人到中年，也一样可以弥补年轻时的遗憾，甚至获得意想不到的成就。只有不断更新自己的知识结构，才可能不断提升自己。

5.开放思维，给自己寻找更高的起点和标准，让自己迎接新的挑战

即使你现在已经是个优秀的员工，即使你在各方面都已经被领导认可，你依然要为自己树立新的目标，并朝着目标努力。

当今时代是知识经济的时代，经济发展瞬息万变，科技进步一日千里，知识更新日新月异，各种竞争日益激烈。新知识、新事物、新经验层出不穷。作为新时代的宠儿，年轻人，你要想适应社会发展与时俱进，只有不断学习，才会不断进步，才能寻求新的突破，并且，只要你坚持下来，曙光就在眼前。

咬牙再忍一分钟，前面就是成功

对于任何一个初入社会的年轻人，他们都会怀抱梦想，希望自己学业、事业、养儿育女皆能有成。而常言道，所谓“十年树木，百年树人”，你若经不起时间的磨练，经不起一点挫折，要想有所成就是很难的。在成功的道路上，没有耐心等待成功的到来，那么，只好用一生的耐心去面对失败。

摩西奶奶成名后，不少年轻人前来求教人生问题，这让摩西奶奶很高兴，摩西奶奶说每个人在年轻时都爱畅想未来，到遥远的地方寻找未来，以为凭借努力可以改善一切，得到自己想要的。但生活是残酷的，我们必须要接受风吹雨打，对于梦想，我们必须要坚持，遇到困难要忍耐，只有这样，我们才能淡然迎接来成功。

生活中的年轻人，可能在生活和工作之余，你也会编织你的梦想，你也渴望和那些成功人士一样，那么，在努力之前要有屡败屡战的勇气。比如说，如果你渴望成为一个运动员，那么，你就必须比其他人付出更多的努力，在日常学习之余，你还必须不断挑战自己的体能，但无论如何，都难免失败。失败并非罪过，重要的是从中汲取教训。

1819年，在横跨得克萨斯州的火车上，一个瘦高个子，大约13岁的男孩，正在卖报纸和雪茄烟。当旅客们谈论有关投资方面的事情时，这个年轻人总会全神贯注地听着。

这个卖报的孩子叫作威廉，他希望成为一个预测未来的交易商。过往的人纷纷嘲笑他："噢，祝你好运，没有人能预测未来。"

为了这个梦想，长大后的威廉整天躲在狭小的地下室里，将数百万根的K线一根根地画到纸上，贴到墙上，接下来便对着这些K线静静地思索，有时他甚至能面对着一张K线图发几个小时的呆。

后来他干脆把美国证券市场有史以来的纪录搜集到一起，在那些杂乱无章的数据中寻找着规律性的东西。由于没有客户，挣不到薪金，这个美国人许多时候不得不靠朋友的接济勉强度日。

这样的情况在他的世界延续了6年。这6年，威廉集中研究了美国证券市场的走势与古老数学、几何学和星象学的关系。

6年后，他发现了有关证券市场发展趋势的最重要的预测方法，他把这一方法命名为"控制时间因素"。他在金融投资生涯中赚取了5亿美元，成为华尔街上靠研究理论而白手起家的神话人物。

他叫威廉·江恩，世界证券行业尽人皆知的最重要的"波浪理论"的创始人。

成功需要梦想，梦想需要坚持，这是一条最原始也是最简单的真理。需要持之以恒的原因就在于，世上凡是有价值的事情通常都是有一定难度的，不可能一蹴而就，要有必胜的信心和坚韧的精神，不断向目标靠近！

年轻人，你也应该从中获得启示，只要坚持到底，无论梦想多大，都有实现的可能。我们常常发现，一些年轻人在做事最初都能保持旺盛的斗志，然而，往往到最后那一刻，顽强者能咬紧牙关坚持到胜利；而懈怠者在这时放弃了希望，失去了自己应有的成功。

为此，任何一个年轻人，都必须要懂得，任何一种策略，只有坚持才会有价值。也只有坚持到底的人，才能经受机遇的层层筛选，并最终获得它的垂青。

世间最容易的事就是坚持，最难的事也是坚持。成功在于坚持，这是一个并不神秘的秘诀。信念上超前一些，行动就会领先一步，成功的几率也就越大一些。成功的秘决就是，当你渴望成功的欲望就像你需要空气的愿望那样强烈的时候，你就会成功。

然而，目标有时遥遥无期，总也望不到头。你也许正在艰难中坚持却疲倦不已，如果这时放弃，以前的努力都将白费，所花的心血都是徒劳；而只要再坚持一会儿，再加一把劲儿，眼前就有可能是别有洞天，豁然开朗。当你拨开迷雾重见阳光的一刹那，你会觉得所做的再苦再累都是值得的。

世上所有的成功，都产生于再坚持一下的努力之中了！成功也许真的只是一种“坚持”，当成功与失败的比例是三七开时，坚持的时间越长，成功的机会就越大。凡事坚持，不屈不挠，就有了赢的姿态。

为此，你需要在现实生活中有针对性地磨练自己的恒心和意志力：

1.告诉自己，做事一定要有始有终

这是一种自我认知上的锻炼，如果你认为自己是个做事虎头蛇尾的人，那么，在日常学习和做事时，你就应该有意地改正，并反复暗示自己：“做事一定要有始有终，否则，就可能造成自己无法承担的后果。”“不要这山看着那山高，这样会一事无成”，“坚持就是胜利”。长时间下来，你就能培养出持之以恒、认真负责的好习惯。

2.有针对性地“磨练”

你可以采取一些措施，有针对性地“磨练”自己的浮躁心理。比如，以下几种活动都能很好地练就做事坚持的好习惯：练习书法，学习绘画，弹琴，解乱绳结，下棋等。

3.遇到困难，汲取教训，改善求进

成功有成功的经验，失败必当有失败的教训，这是不变的真理。在排除外在因素的情况下，如果你失败了，你需要做的第一步就是暂时停下来，思考自己为什么会失败。大剧作家兼哲学家萧伯纳曾经写道：“成功是经过许多次的大错之后得到的。”找到问题出现的原因，你也可以破茧成蝶、振翅翱翔！

总之，在追梦的过程中，年轻人，你永远都不要放弃心中的希望，如果遇到困难，把困难当成人生的考验，不要在困难面前茫然退缩，更不要不知所措迷失自己，满怀希望地为自己的梦想而努力，相信终有一天，你会走出低谷，走向光明。现实是美好的，但又是残酷的，关键在于面对困难，你是否具有韧性，能否坚持到底。

尽早立志，用不懈地努力来实现

我们都知道，任何一个有理想、有追求、有上进心的人，一定都有明确的奋斗目标，他懂得自己活着是为了什么。因而他的所有努力，从整体上来说都能围绕一个比较长远的目标进行，他知道自己怎样做是正确的、有效的，否则就是做无用功，或者浪费了时间和生命。显然，成功者总是那些有目标的人，鲜花和荣誉从来不会降临到那些没有目标的人的头上。

年轻人敬仰的摩西奶奶曾说，年轻人就要早立志，要想成为自己想要的模样，就要趁早努力。因为目标是一切成就的起点。一个人，只有确立了前进的目标，才会最大可能地发挥自己的潜力。除此之外，努力是实现目标的唯一途径，只有不断努力，我们才能检验出自己的创造性，才能锻炼自己，造就自己。

因此，年轻人，只有从现在起，树立一个精细、明确的目标并为之努力奋斗，你才会认识到体内所蕴藏的巨大能力，才能最终实现自己的理想。

人只有树立了目标，内心的力量和头脑的智慧才能找到方向。目标是对于所期望成就的事业的真正决心。如果一个人没有目标，就只能在人生的旅途上徘徊，永远到不了任何地方。正如空气对于生命一样，目标对于成功也有绝对的必要。如果没有空气，人就不能生存；如果没有目标，没有任何人能成功。

除了摩西奶奶外，在很多渴望成功的年轻人眼里，石油大王洛克菲勒也是他们学习的榜样。他能从一无所有到拥有现在的商业帝国是一个传奇，但事实上，这是他持之以恒、积极奋斗的回报，是命运之神对他艰苦付出的奖赏。他曾经对自己的儿子说过这样一句话："我们的命运由我们的行动决定，而绝非完全由我们的出生决定。"生活中的年轻人，我们需要记住的是，一个人的命运如何，是掌握在自己手里的，出身只能决定我们的起点，不能决定我们的终点，对此，洛克菲勒的人生轨迹可以加以证明：

有些年轻人会认为自己年纪尚轻，立志为时尚早，而实际上，一个人只有尽早树立目标，才能尽早付诸行动，才能找到努力的方向。因为目标不会凭空实现，不采取具体步骤，就不可能发生任何事情。

总之，年轻人，要记住，人立志，一定要趁早。一个人，没有目标，就像断了线的风筝，不知前方的路该怎么走；一个人，没有目标，就像一艘没有舵的轮船，只能随波逐流。

过早成功其实也会是一种危险

生活中的年轻人，只要你细心观察，你会发现，自古之今，大凡成功者，无不是经历了一番"寒彻骨"，在磨难和痛苦中，他们练就了一身的本领和打不倒的意志。当然，这并不是要告诉我们放弃对成功的追求，而是要让我们学会锻炼自己的韧性，不管现状如何，都不可过分张扬，也不可就此松懈。

可见，没有人能随随便便成功，过早成功，会冲昏年轻人的头脑，使他们变得浮躁，失去正确的价值观，也会失去发展的机会，而一个人只有经历痛苦、失败，才能明白成熟的真正含义，也才能成为一个具备成功者资质的人。

其实，年轻人敬仰的摩西奶奶就是大器晚成的典型代表，在七十五岁以前，她一直在农场生活，与其他农妇无异，八十岁的摩西奶奶才开始举办画展。摩西奶奶常说："什么时候都不晚。"实际上，与之相对应的是，过早成功其实会是一种危险。

哲学家尼采曾说："少年有成，被人追捧，会让他们变得骄傲，失去正确的价值观，忽视了年长者的教训以及脚踏实地的重要。不仅如此，他们还会迷失成熟的意义，自然而然剥离出由成熟说维持的文化环境。他人随着时间的推移日渐成熟，工作的内涵也越来越深。可他们却难以成长，总是如此幼稚，喜欢炫耀过去的成功与功绩。"

生活中的年轻人，也许你毕业于名牌大学，或许你含着金钥匙出生，但如果你想最终做出一番成就，你就必须抛却那些光环，并将所学知识运用到实践中。

我们再来看看《伤仲永》的故事：

从前，有个叫仲永的孩子，他很小的时候，就表现出了与众不同的才智。

五岁的一天，他突然哭闹着要纸和笔，可他们家里实在是太穷了，连一支笔和一张纸也没有。家里的人都劝他，他不听，他的父亲只好从邻居那里借了一张纸和一支笔，看到纸笔后，他马上不哭了，还写了一手好字呢！

很快，方圆几十里的人都知道一个没读过书的孩子居然会写字，他的父亲一看自己的孩子像个神童，便带着他到处去给人写字，有的人为了感谢他就给了他一些银子，他父亲认为仲永能帮他挣钱了，就不让他去读书，而以此为牟利的机会。

过了很多年后，有一个村子里的人出去回来了，他向村民打听仲永的情况，问："永现在如何了？"有一个人回答："跟普通人没什么两样了。"

仲永本身是个资质不错的人，可最终却"泯然众人"。这也向他们证实了尼采的观点——过早地成功也是一种危险。因为过早地尝试成功的滋味，能让一个人变得懈怠，对于那些年轻人来说，这无异于是一种毒药，让他们停滞不前。

宋代著名大文学家苏东坡在评论楚汉之争时就曾说：“汉高祖刘邦所以能胜，楚霸王项羽所以失败，关键在于是否能忍。项羽不能忍，白白浪费了自己百战百胜的勇猛；刘邦能忍，养精蓄锐、等待时机，直攻项羽弊端，最后夺取胜利。刘邦可以成大业是他懂得忍下人之言，忍个人享乐，忍一时失败，忍个人意气；而项羽气大，什么都难以容忍，不懂得‘小不忍则乱大谋’的道理。大业未成身先死，可悲可叹！”女词人李清照也叹：“至今思项羽，不可过江东。”

诚然，没有人希望自己在年轻时就失败，但“吃苦所得到的，是将你的事业大厦建立在坚实的地面上，而不是流沙里。”也就是说，一个人只有经历磨难，具备了实际的行动能力，才能真正经受住追求目标路上出现的艰难困苦，真正获得成功。当然，要想获得最终的成功，我们还需要从多个方面努力：

把每件任务当成自己唯一的追求去做，不达目的绝不罢休，调动所有的储备和资源，寻求一切可能的帮助。没有这种锲而不舍的精神，你可能一辈子也做不成什么大事。

当然，我们强调要养精蓄锐，火候未到、锋芒不露，但这并不等同于让你做事畏首畏尾，不敢放手施展抱负。只是凡事都该有个“度”，张扬与内敛之间，就看你如何把握！

百分之九十九的努力，你做到了吗

初入社会，任何一个年轻人，都满腔抱负，希望可以一展拳脚，都希望实现自己的理想。但现实告诉他们，必须要从最基础的工作做起。这对于心浮气躁的年轻人来说，无疑是更高层面的挑战。世界上的事情就是这样，成功需要勤奋。同样，生活中的年轻人，追求成功的路上，必须要做到勤奋，勤奋才是通往成功的唯一坦途。

现代社会，知识改变命运这个道理早已毋庸置疑，时代正在急速发展，各种技术日新月异，对生活在这个时代的人提出了新的学习要求，但无论何时，勤奋永远是任何一个年轻人应该摆在第一位的工作和学习态度。即使你的学生时代并不显眼，但步入社会后仍然勤勉踏实地自觉学习往往都会有长足的进步。因为学校里学的知识是十分有限的，在工作和生活中所需要的相当多的知识与技能，完全要靠你们在实践中边学边摸索。

年轻人敬仰的摩西奶奶就是勤奋的榜样。摩西奶奶在开始执笔绘画以后，因为找到了自己热爱的事业，她坚持绘画，因为她做到了99%的勤奋，所以，她最终取得了成功。

也许，有些男孩会说，我不够聪明。而实际上，即使智慧，也源于勤奋。没有人能只依靠天分成功。自身的缺点并不可怕，可怕的是缺少勤奋的精神。勤奋面前，再艰巨的任务都可以完成，再坚定的山也都会被“移走”。滴水能把石穿透，万事功到自然成。唯有勤劳才是永不枯竭的财源。

有人问石油大王洛克菲勒：“成功的秘诀是什么？”对此，他有两句座右铭，一句是：“你要不是赢家你就是在自暴自弃”，一句是“勤奋出贵族”。

然而，我们不难发现，在我们生活的这个社会，有很多富家子弟，他们生活骄奢淫逸、好逸恶劳、挥霍无度，以至虽在富裕的环境中长大，却不免在贫困中死去。也有一些满怀理想的年轻人，但在为梦想奋斗的过程中，做不到一步一个脚印，每天朝目标迈一步，经常三分钟热度，做不到持之以恒。要知道，任何事情的成功都不是一蹴而就的，需要我们做出一点一滴的付出。小事成就大事，在每件小事上认真的人，做大事一定成绩卓越。可以说，稻盛和夫的成功，来自于他早年的愿望，更是坚持与努力的结果。

为此，生活中的年轻人，你们应该做到：

1.紧紧抓住时间骏马的缰绳

只有最充分地利用好当前的时间，才不会有“白首方悔读书迟”的遗憾。

伤逝流年，好像是在珍惜时间，其实是在浪费今日之生命。不要沉浸在未来的美好向往中而放松了眼前的努力。山上风景再好，如不一步一步地努力攀登，是永远不会登上“险峰”而一览“无限风光”的。

2.科学地安排好时间

学习与巩固双管齐下，学习就会事半功倍。还要掌握时间的优势。用头脑最清新、效率最高的时间做最重要的事情，俗话说“好钢用在刀刃上”，在时间的安排上亦是如此。

3.必须要克服重重困难

学习也好比是一种长征——一种追求知识的长征！一本一本的书，一章一节的知识，如雪山、大河、草地一样需要你去征服。如果你缺乏征服它们的勇气和信心，就只能站在知识的岸边徘徊、叹息。记住：乌云的后面就是太阳，困难的背后就是胜利！

总之，年轻人，你需要记住的是，伟大的成功和辛勤的劳动是成正比的，有一分劳动就有一分收获，日积月累，奇迹就可以创造出来。只有勤奋工作和学习才是最高尚的，才能给人带来真正的幸福和乐趣。勤奋是通往荣誉圣殿的必经之路！

参考文献

[1]莫雷. 摩西奶奶给年轻人的人生哲学课[M].北京：中国法制出版社，2016.

[2]摩西奶奶.人生只有一次，去做自己喜欢的事[M].北京：北京联合出版公司，2015.

[3]摩西奶奶.人生永远没有太晚的开始[M].北京：新星出版社，2014.